U0283732

築苑007

築苑·福建客家楼阁

李筱茜　戴志坚　邱永华　著

中国建材工业出版社

图书在版编目(CIP)数据

福建客家楼阁/李筱茜，戴志坚，邱永华著．—北京：中国建材工业出版社，2018.6

（筑苑）

ISBN 978-7-5160-2230-6

Ⅰ．①福… Ⅱ．①李… ②戴… ③邱… Ⅲ．①楼阁—建筑艺术—介绍—福建 Ⅳ．①TU-881.2

中国版本图书馆 CIP 数据核字（2018）第 074842 号

筑苑·福建客家楼阁

李筱茜　戴志坚　邱永华　著

出版发行：中國建材工业出版社
地　　址：北京市海淀区三里河路 1 号
邮政编码：100044
经　　销：全国各地新华书店
印　　刷：北京盛通印刷股份有限公司
开　　本：710mm×1000mm　1/16
印　　张：12.5
字　　数：160 千字
版　　次：2018 年 6 月第 1 版
印　　次：2018 年 6 月第 1 次
定　　价：58.80 元

本社网址：www.jccbs.com　　微信公众号：zgjcgycbs

本书如出现印装质量问题，由我社市场营销部负责调换。联系电话：(010)88386906

以心築苑 人作天開

築苑叢書雅存

丁酉端午

孟兆禎

孟兆祯先生题字

中国工程院院士、北京林业大学教授

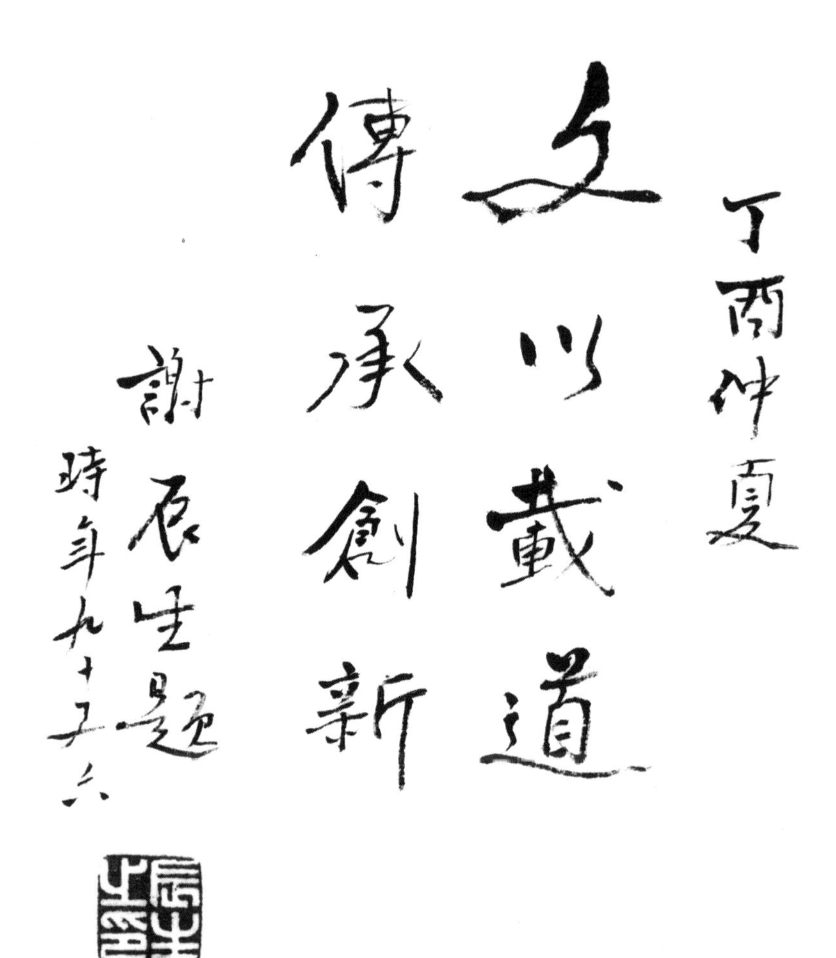

谢辰生先生题字

国家文物局顾问

筑苑·福建客家楼阁

本卷著者

李筱茜　戴志坚　邱永华

策划编辑

孙　炎　章　曲　沈　慧

本卷责任编辑

章　曲

版式设计

汇彩设计

投稿邮箱：zhangqu@jccbs. com. cn
联系电话：010-88376510
传　　真：010-68343948

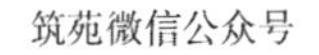

前　言

福建客家楼阁是与客家土楼不同的一种传统楼阁建筑类型。我的导师戴志坚教授告诉我福建客家建筑的研究成果颇为丰富和深入，但是客家楼阁建筑却鲜有涉及。其实，客家楼阁建筑在客家建筑里别具一格，在中国传统楼阁建筑中也是独树一帜：其“土”与“木”的结合十分科学巧妙，建造的楼阁形式多样，屹立百年不倒。因此，把客家楼阁建筑的“土木结合”特征作为切入点，深入研究客家楼阁的建筑特色、结构特色以及装饰特色，是非常有价值的！

在导师戴志坚教授的指引下，我来到闽西客家地区，走访了大小楼阁近百座，与邱永华主任一起探讨闽西客家楼阁的地域特色。我们着实被客家楼阁的独特魅力所吸引，这些楼阁建筑一般都坐落在村落风水口，体型庞大，造型精美。如导师所言，客家楼阁建筑类型是闽西地区的气候、地质、人文等地域特征的综合体现。但目前楼阁个体之间保存状态差距比较大，这与各地对文物保护的意识不强、保护方法不科学有很大的关系。把坏掉的生土墙填上红色砖头；楼阁细部的雕刻、泥塑和青瓦变成了混凝土造型；楼阁保护范围内搭建现代附属构筑物……这些行为无异于对传统建筑造成了二次破坏。由此，不禁感叹福建客家楼阁不但经历着时光的消磨，而且承受着人为的灾害。对福建客家楼阁的有效保护非常必要，刻不容缓！

本人在走访客家楼阁期间接受了许多良师益友的帮助，才使得调研工作能够顺利进行和圆满结束。在此特别感谢福州大学朱永春教授、福州大学季宏教授、福州大学李建军教授，以及无法一一列举的曾经给予我帮助和支持的朋友，本书的完成与大家的帮助密不可分。

本书从中国传统楼阁的起源说起，介绍了中国古代土木结合建筑的产生和发展、客家人的历史、客家建筑的由来，概括总结了客家楼阁的形态、结构、装饰等特色手法。书中选择了具有代表性的几座客家楼阁进行了深入解析，构建了建筑模型，从平面、立面和剖面展开揭示福建客家楼阁土木结合特点中“下土上木”“以土为主”“外土内木”的构造特点。

希望本书可以为对客家楼阁建筑感兴趣的读者提供参考。作为研究福建客家楼阁的先行者和一个建筑学专业研究的探索者，想必会有很多我还没有学习和考虑到的内容，本书旨在抛砖引玉，期盼着专家学者和广大读者朋友的批评指正！

2018 年 2 月

目　录

上篇　楼说　1

上篇 楼说

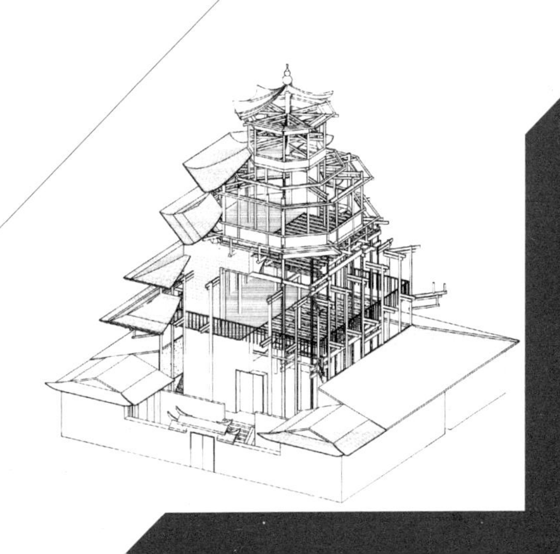

1 福建客家楼阁

——中国传统楼阁建筑中的一朵奇葩

福建客家楼阁建筑是指位于福建西北部客家人聚居的山区的一种公共建筑楼阁，亦可称“闽西客家楼阁”。其既有中国传统楼阁的形象特征，又具有客家建筑“土木结合”的地域建筑特点，厚重的夯土结构部分使福建客家楼阁的形象在中国传统楼阁建筑中独树一帜，是中国传统楼阁建筑中一种特色鲜明的地域建筑楼阁。

论外形，坚实高大的夯土外墙增添了楼阁的厚重感和稳定性，精致的飞檐和屋脊又能显露出楼阁建筑轻盈灵动的建筑形象，一静一动，相得益彰；论构造，土木结合楼阁中木构架技术与夯土技术的搭配形式多样、因地制宜，其中的配合与变化无一离得开土与木之间、累叠与穿插之间的转换，但是，又没有造成千篇一律的重复感，每种楼阁建筑的构造体系都逻辑清晰、合理，令人称赞。总言之，福建客家楼阁的学术内涵和研究价值，值得我们去考察发现。

在中国建筑发展历程中，木结构建筑无论在技术水平还是在实物数量上都占有绝对主要的地位，土木结合的构筑物并不是主流，但事实上，土木结合建筑物在全木结构建筑物之前就出现了。

我国最早开始出现土木结合的构筑物是在氏族社会时期，北方黄河流域的原始人类居住所从地下的“穴居”开始转变为半地下的“半穴居”时，土木结合的构筑物作为地下建筑向地上建筑转变的中间过渡时期产物开始出现，并且在很长一段时间里，大到皇家宫殿，小到民间住宅都采用了土木结合的构筑方式[1]。后来，随着木结构建筑水平的提高，木结构技术发展到利用单木结构可以满足一定的建筑高度时，夯土结构的重要性在传统建筑结构体系中开始降低，并且中国传统建筑发展的方向开始围绕木结构技术展开，此时的夯土部分大多作为构筑物的台基或者底层包柱的泥墙等，夯土结构似乎成为了构筑物的辅助结构部分。在闽西客家地区的土木合筑的建筑物则不是这样，夯土结构部分往往是建筑结构的主要承重部分，木结构是依附于主结构上的结构部分。这种土木结合的构筑物在闽西地区使用范围广泛，一方面与闽西地区的地理条件和气候特征有关，另一方面则得益于这一地区繁衍生息的客家人不断开拓和改善夯土技术。在世代的传承中，闽西客家人广泛运用土木结合技术，使客家版筑夯土技术所夯筑的土墙抗蚀、抗蛀，坚固稳定，高度可以达到十几米，并且这样的夯土墙建筑屹立百年依然可以居住，实为中国传统建筑中的瑰宝。

近年来，很多典型的夯土墙建筑如福建土楼、土堡等已经被大家所熟知并且进行了深入的研究探索，从设计、施工、技术、维护、使用等多方面分析了闽西地区使用夯土结构外墙的优越性和特殊性，确认客家建筑这种高大、坚固的夯土外墙完全能适应当地的气候环境并且能满足生活、防御的要求。也许正是因为这样，这里的楼阁建筑也采用了土与木相结合的构筑方法来建造。然而，这里的客家楼阁与前文提到的土楼虽然都是多层建筑，但一个是公共建筑、一个是居住建筑——建筑造型和建筑性质完全不同，从造型的角度来说，土楼的外部造型极为简洁——或是方体或是圆柱体，外立面造型上无凹凸，只有小的窗洞口，给人以森严雄壮之感，土楼的内立面却相反，层层的木构架廊屋生活气息浓郁。而客家楼阁则不同，虽有夯土部分，但外立面仍然保持楼阁建筑高耸、轻盈的形象，用下部厚重的夯土墙承托上部的木结构做出了楼阁建筑自然的“收分”、屋面起翘等，楼阁内

[1] 侯幼彬，李婉贞．中国古代建筑历史图说 [M]．北京：中国建筑工业出版社，2002．

部结构完全遵从外部造型的需要，内外统一；从性质的角度来说，土楼是客家人居住的建筑，客家人以家族为单位生活在此，而客家楼阁往往是以村为单位修建，全村共有，以供奉和祭祀为主要功能的建筑。以上内容说明客家楼阁与土楼等客家居住建筑的相异之处，客家楼阁和客家土楼的概念不容混淆（图 1–1、图 1–2）。

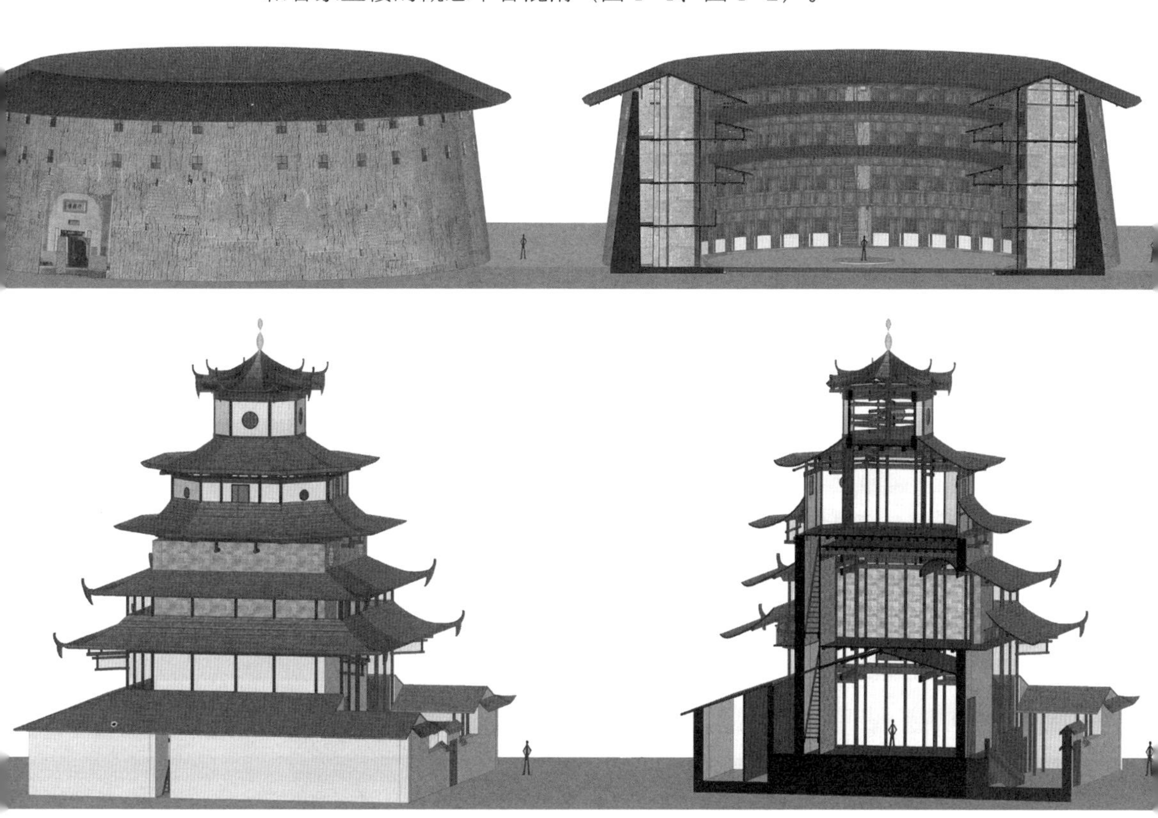

图 1–1　客家土楼（以圆楼为例）与客家楼阁的差异对比分析图

从楼阁建筑的角度，客家楼阁建筑可以理解为楼阁建筑在客家地区的一种表现形式。首先，楼阁内部有多层的使用空间；其次，客家楼阁的立面形制也符合中国传统楼阁建筑所追求的“高”和“收分”，是特征突出的传统楼阁形象。客家楼阁厚重的夯土墙部分恰恰代表了地域性，就像是北方人的口音带着平仄，卷舌音清晰，南方人的家乡话连附近的外乡人都难以模仿一样，客家楼阁的夯土部分即揭示了这一种独特、不能替代的“客家性”（图 1–3）。

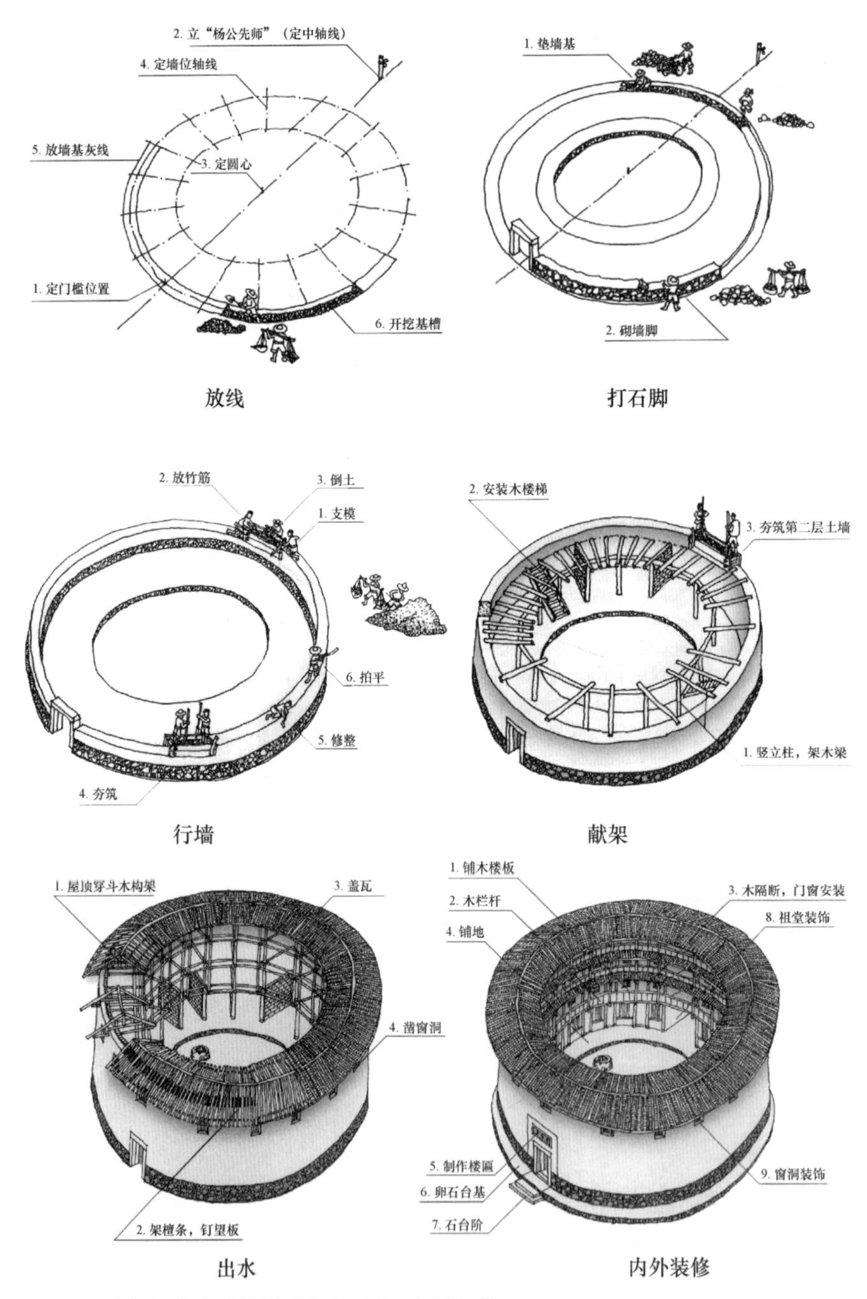

图 1–2　客家土楼（以圆楼为例）的建造过程图示[1]

代表“客家性”的是土，代表“传统楼阁”的是木，“土”与“木”的结合是客家楼阁地域特征和传统特征的结合。那么，采用两种不同

[1] 黄汉民，陈立慕．福建土楼建筑 [M]．福州：福建科学技术出版社，2012．

材质、不同结构特征的部分相结合来建造楼阁又有什么长处呢？其实，客家建筑的夯土墙部分是在岁月的长河中经历了这一地区的地理气候条件、生活和文化环境的选择才产生和沿袭下来的，和土楼土堡一样，夯土部分的工艺代表和体现了这一地区的人文生活；木结构部分的必要性可以理解为传统楼阁造型的需要，也就是传统楼阁建筑立面“收分”、灵动、高耸的造型效果的需要。试想，若单一采用夯土结构造型，不但难以保证形象美观，而且施工工艺更加费时费力。将木结构架构的“灵动轻盈”与夯土结构的“敦实稳重”相中和，使客家楼阁兼顾了两种建筑性格，相得益彰。不得不承认，土木结合的客家楼阁是充分发挥了劳动人民伟大智慧的结果，塑造了民间建筑别具一格又精美绝伦的建筑形象。

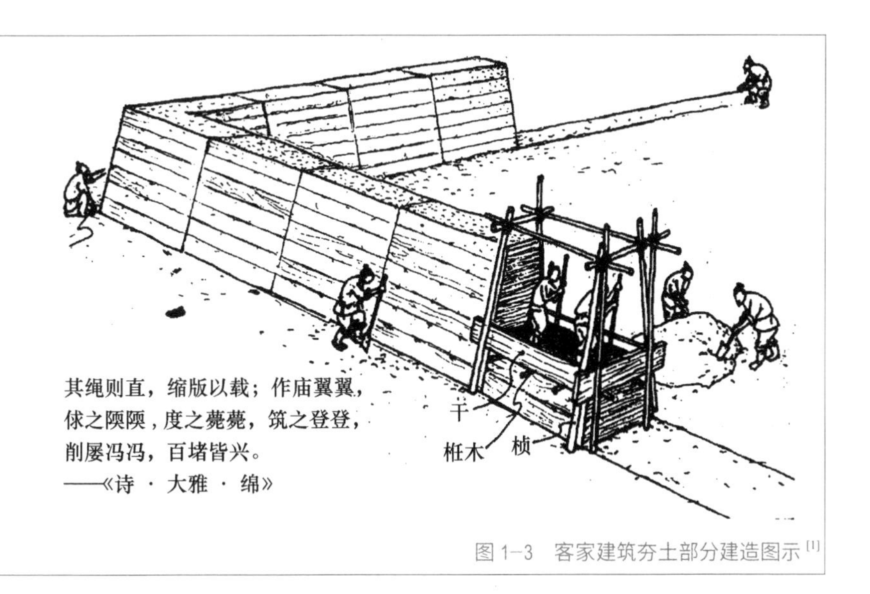

图 1-3　客家建筑夯土部分建造图示[1]

除了外形构造精美外，客家土木楼阁的内部构造也有多种变化灵活的构造形式，地势条件、人力、财力等在楼阁的建造过程中都会成为影响其结构的原因，从现存的客家楼阁研究案例中也充分展示了其构造体系的丰富性。本书将客家楼阁的鲜明特征一一梳理，归纳统一性，列举特殊性，进一步总结客家楼阁建筑在形态上、构造上、平面形制等方面的个性特点，同时也展示福建客家土木楼阁独特的研究价值。

[1] 杨鸿勋．宫殿考古通论 [M]．北京：紫禁城出版社，2001．

2 中国传统楼阁建筑中的“土木楼阁”

中国传统楼阁建筑是中国古代建筑中极具特色的一种建筑形式。论其源起，则是始于古人对“天”的向往。古时候高大的楼阁就是用来使人站得更高，而站得高也许是为了缩短人与天的距离，问天祈福；也许是为了登高远望，借景抒怀；抑或是战争中登楼观察敌情等，楼阁建筑的发展也与人对“高”的要求不断提高密不可分。可以确定的是，建造楼阁建筑必然是比建造单层建筑需要更高的技术手段和投入更多的财力、物力、人力，因此有时候，建造高大的楼阁变成了一种实力的象征，是借楼标榜、巩固权威、宣誓主权。也可以这样说，楼阁建筑特有的高耸建筑形象同时又被寄予了人的各种意向和精神追求，所以将楼阁建得“更高”“更大”一直是楼阁建筑发展的中心思想，同时也是楼阁建造手段不断进步发展的最终目标。

中国楼阁建筑的发展可以分为三个时期：第一时期，“土上架木”土木结合楼阁；第二时期，木结构为主的楼阁；第三时期，砖石结构为主的楼阁[1]。从这种序列上看，土木结合的楼阁是更早期、更原始的楼阁建造手法。

[1] 王贵祥．略论中国古代高层木构建筑的发展 [J]．古建园林技术，1985(1)：4–11．

说起楼阁的起源，要从夏周时期的高台建筑说起。高台建筑被认为是早期中国楼阁建筑的雏形，利用高大的夯土台作基，上面架构殿堂宫宇，或者以夯土台为中心，围绕其层层架屋，外观形成多层的建筑形象，展现房屋的丰富层次、高大恢弘。高台建筑的发展在秦汉时期达到顶峰，虽然这一时期的建筑实物已经不存在，但是通过历史文献和现存遗址也能推测出当时的高台建筑规模之宏大是超乎了人体使用尺度的，这与当时“神仙之说”盛行有关。《汉书•郊祀志》有云：“公孙卿言‘仙人好楼居’。”于是汉武帝开始大兴土木，记载中柏梁台高二十丈，神明台、井干楼高五十丈，相当于现在二三十层楼的高度，虽然这一数字不一定准确，但可以看出其规模定是大大超出一般的楼阁。总而言之，这一时期“土上架木”的构造方式已经可以使建筑达到惊人的高度。

在东汉时期，楼阁建筑又一次大发展。当时佛教传入中国并且开始融入本土文化中，可以说楼阁建筑在这一时期发生了一次重要变革，中国传统木楼阁融入了佛教“窣堵坡”的形象而逐渐产生了中国“塔”的形象，并成为此后楼阁建筑类型中一种常见的类型。据现存文献记载，中国楼阁建筑史上体量最高的塔是北魏洛阳永宁寺塔，据推测其塔高在 120 ~ 150m，相当于现在四五十层的摩天楼。虽然塔建成后 19 年就遭遇雷击损毁，只留下一座土基的遗址，但是作为早期一座著名的超大体量的宗教建筑楼阁，很多研究学者根据现存遗迹和相关文献记载复原出了永宁寺塔的全貌，并得出结论：永宁寺塔是一座“土心木构”高塔，即用土心作塔身的结构连接重心，木结构的梁柱等构件在土心的基础上搭建，形成楼阁式木塔的形态[1]。这种土木结合的方式与高台建筑最大的不同在于，永宁寺中心的夯土结构成为了结构的中心，如同一根“中心通柱”的作用，使楼高达到了一百多米，成为中国建筑史上出现过的最高塔。“中心通柱”是指楼阁建筑中部会有一根贯通塔身并起到主要稳定作用

[1] 王贵祥．关于北魏洛阳永宁寺塔复原的再研究 [J]．建筑史：第 32 辑，2013（2），25–51.

的大柱子，这种运用通柱的做法在传统楼阁建筑发展史上也影响颇深，很多单木结构楼阁建筑都采用通柱的形式。这种做法的弊端是破坏了楼层使用空间的完整性，与之对应，后来发展演变出的“重屋”的构造则避免了这一点。

重屋之说的起源要追溯到奴隶社会的上周时期“殷人重屋”，是指王公贵人处于重屋之中，重屋即屋顶为两层的房屋，泛指高楼，房屋累叠的意思。“重屋”形式的楼阁每一层都有一套组成单层房屋的三个部分：基座（即楼阁中的平坐层）、屋身、屋面。山西应县佛宫寺释迦塔就是“重屋”式楼阁的典型代表，它展示了重屋式楼阁建筑结构技术的最高水平，900 年屹立不倒[1]。释迦塔主体为木结构，塔高为 67.31m，共九层，五明层四暗层，除底层的木柱有泥墙包裹并且外槽塔身有副阶周扎的外廊，其余每层都是内槽与外槽两圈木柱，每一层有平坐层挑出塔身，形成环塔身的外廊。同时，平坐层也是连接各层的关键部分，使上层柱网层的柱脚落在下层普拍枋的斗拱结构层上，上下连接。可见这种结构水平方向是“层与层”的关系，各层结构相互重叠，受力关系相互制约，避免了使用通长的中心柱，同时，结构体系的弹性增大，提高了结构的稳定性、抗震性。

楼阁建筑的结构体系发展演变，展示了中国传统建筑构筑技术的进步。为了让楼阁建得更高，使用空间更大，古代的能工巧匠尝试了多种构造思路，这无疑是中国古代建筑研究史上的一笔巨大的财富。从唐宋时期开始，楼阁建筑开始采用砖石结构建造，避免了木材质易燃、易腐朽的缺点，现存古建筑实例也以砖石结构数量居多，不过即使材料采用砖石，造型还是多仿照木结构楼阁建筑的外形，显示了中国传统木楼阁的结构技术以及建筑形象在中国古代高层建筑中影响之深远（图 2-1）。

[1] 陈明达．应县木塔 [M]．北京：文物出版社，1966．

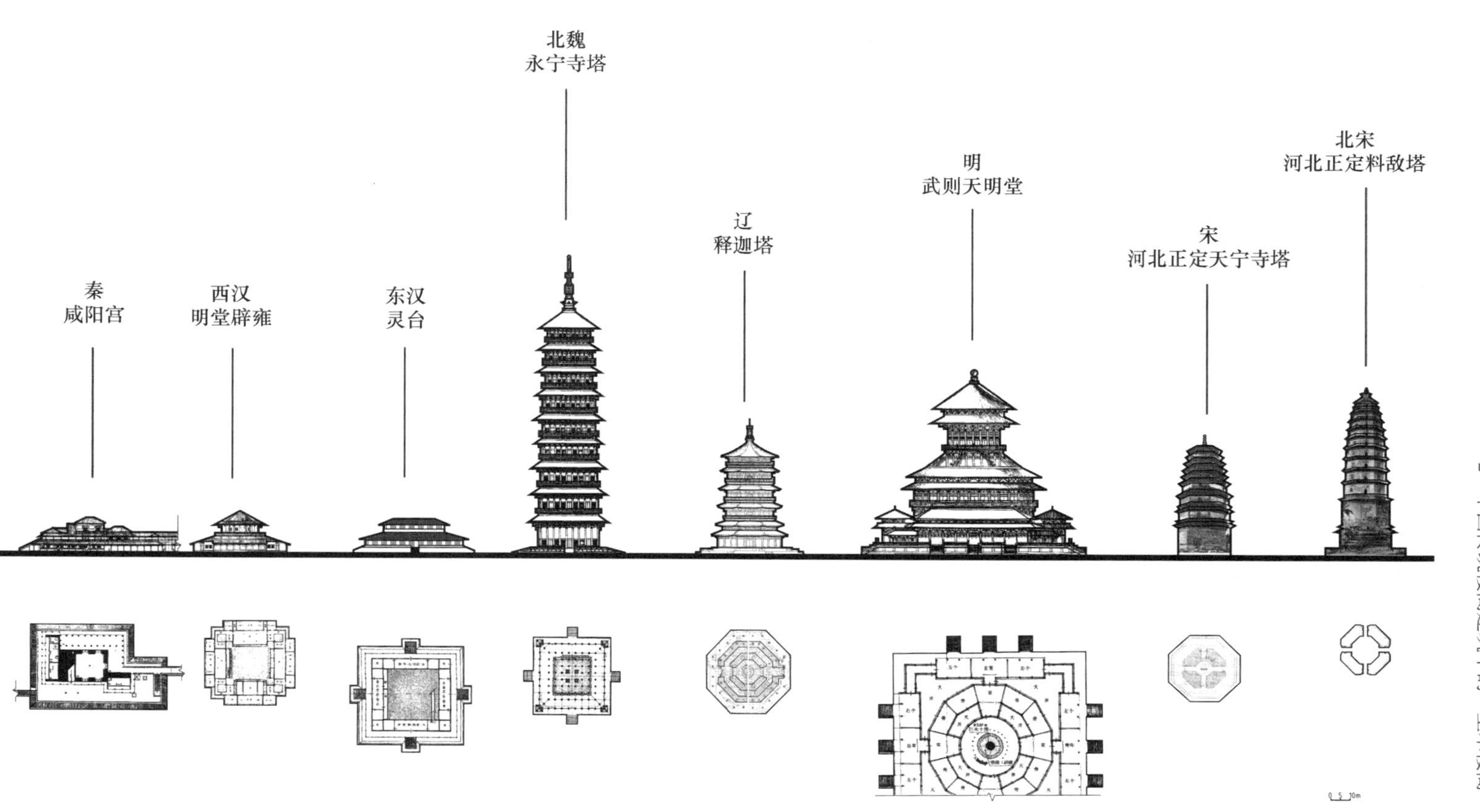

图2-1 中国土木合筑楼阁实例平面图、立面图

在我国古代高层建筑发展演变过程中，出现过多种构造形式。早期土木结合的“高台建筑”是一种上木下土的形式，之后出现了“土心木塔”，再后来夯土结构作用逐渐被弱化，木结构技术的水平成为古代高层建筑发展的主要影响因素。高层楼阁最初多采用“中心通柱贯穿塔身”的形式，后来为避免通柱破坏楼阁使用空间的完整，采用水平方向“层”的概念，将单层建筑的整体结构重叠，发展成稳定性更好的“重屋楼阁”。通过研究中国传统楼阁建筑结构体系的发展演变序列，似乎找到了客家土木楼阁的渊源。土木的结合曾经主导过中国古代建筑发展，客家楼阁的土木结合构造既印证了这一事实，也印证了土木结合科学性，同时也是深入发掘福建土木楼阁的土木结合构造最有力的指引（图 2-2）。

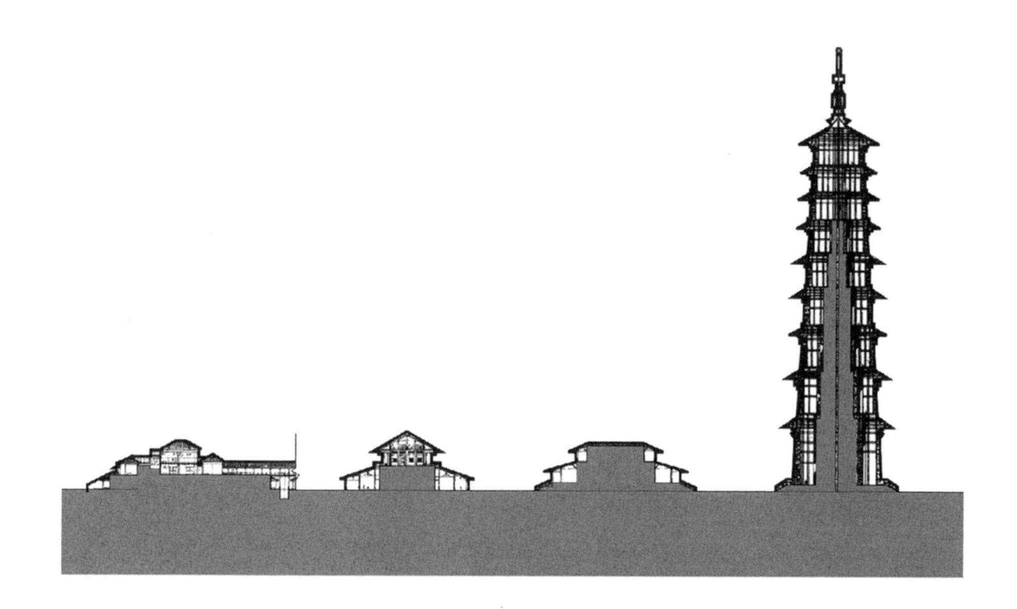

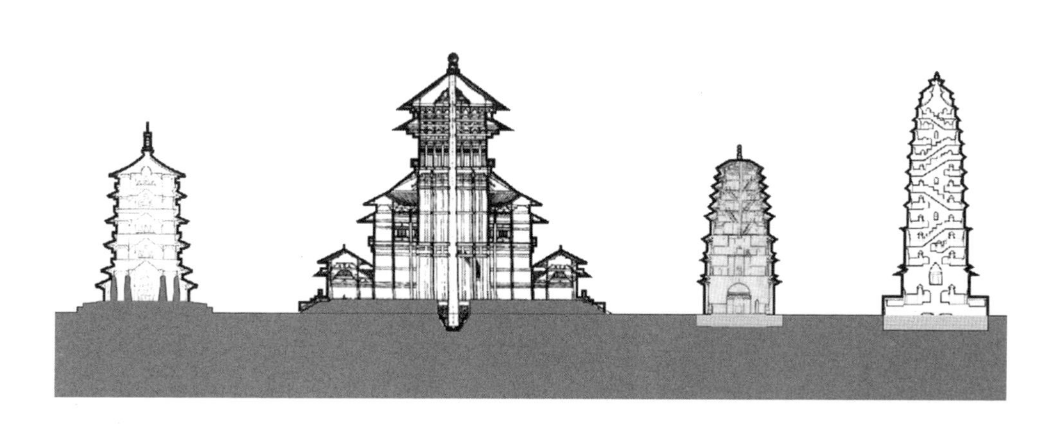

图 2-2　中国土木合筑楼阁实例剖面图

3 福建客家楼阁的史今

3.1 闽西地区

闽西客家地区其实是一个文化地理概念[1]，如何明确其具体范围，要追溯到明清时期的“汀州府”，也就是现在的闽西八县—— 龙岩的长汀、连城、武平、永定、上杭，三明的宁化、清流、明溪为核心的区域。当时的闽西客家地区与非客家地区并无具体分界线，现在的闽西客家地区可以按照行政划分，分为龙岩部分和三明部分（图 3−1）。

龙岩位于福建省西南部，地势东北高，西南低，西接闽南地区，东临江西省赣州市，南临广东省梅州市，北接福建省三明市。境内有名的山峰有武夷山南段山脉、连城县冠豸山、玳瑁山、博平岭等，大体成东北向西南的走向。全市平均海拔约为 652m，最高点为玳瑁山区的狗子脑主峰，海拔为 1811m，最低点为永定县峰市镇芦下坝永定河口，海拔为 69m。龙岩市东面朝海，并有自然山峰阻隔，属于亚热带海洋季风气候，全年气候温和，雨量充沛。境内水域面积广阔，福建三大江之一九龙江的干流“北溪”发源于连城县曲溪乡黄胜村。

龙岩地区的地理环境以及自然气候适宜客家生土建筑的建造和保持，因此大量的客家土楼和客家楼阁都采用了客家建筑独特的生土墙结构，且土楼和楼阁至今仍然坚固实用。

[1] 谢重光．闽西客家 [M]，北京：生活 · 读物 · 新知一联书店，2002．

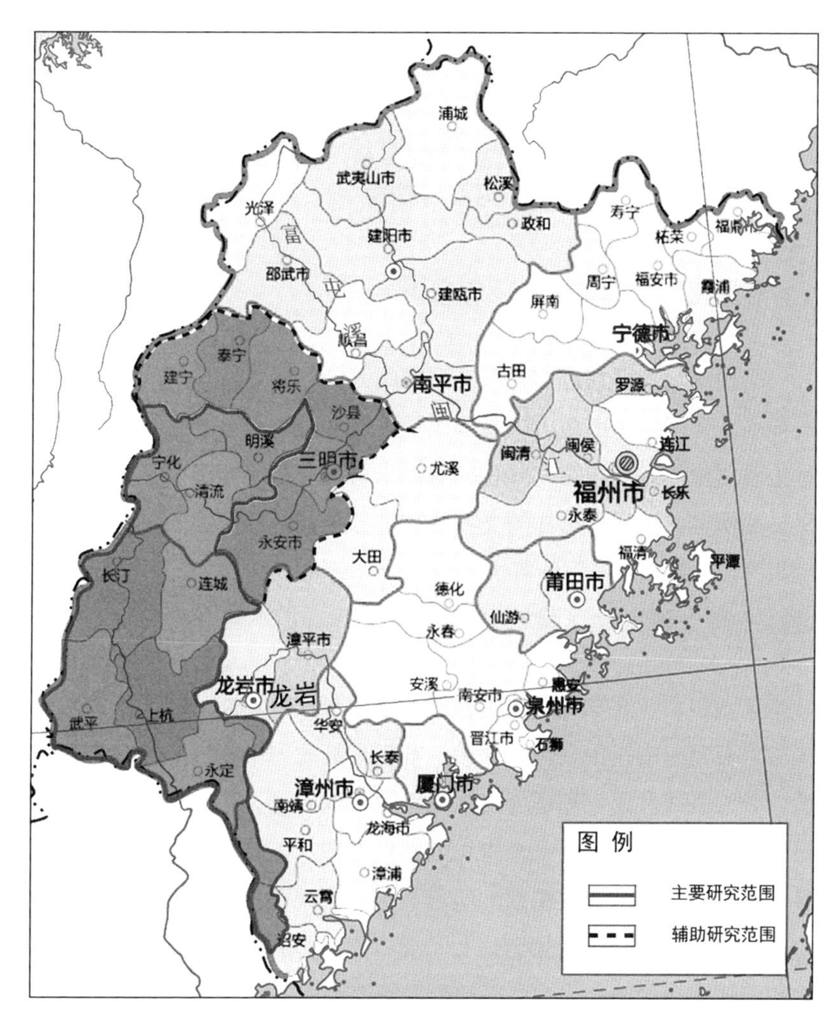

图 3-1 闽西地区区位图［参考地图，审核号：GS（2016）1612 号］

三明地区位于福建西北部，地势以中部的低山和丘陵为主，西北为武夷山脉，中部为玳瑁山脉，东南部临戴云山脉。其东临福州，西接江西省地区，南临龙岩和闽南地区，北邻南平市。三明地区属亚热带温润季风气候，气候温和，雨量充沛，无霜期长，适宜农、林作物生长，是福建省的重点林区、“绿色宝库”。福建三大江中，闽江和汀江分别发源于建宁县均口镇和宁化县治平乡。

三明地区的地理自然环境适宜树木的生长，同时潮湿的环境不适宜木结构建筑的保存，尤其是层高越高的木结构建筑受到潮湿气候影响的程度越大，所以，在三明地区很少有土木结构的楼阁建筑，这里现存唯一的土木楼阁层高为两层。然而，三明地区砖石结构楼阁建筑的高度多为七层，并且有的楼阁至今保存完整，可见三明地区的自然地理环境更加适合砖石结构的楼阁建筑。

3.2 客家楼阁的建造者——客家人

闽西这片土地在远古时代是“古闽人”的天堂，是“闽越人”的发祥地，是汉朝“南海国”国都以及主要区域。河洛文化、客家文化和土著文化先后在这里发展和交融，丰富的文化内涵吸引了大量像朱熹、徐霞客、纪晓岚这样的文人墨客，也孕育了许多海内外闻名的艺术大师如“扬州八怪”的黄慎、华喦、“南岭画派”的鼻祖上官周等。因此可知，闽西地区人民的文化修养和艺术造诣不容小觑。

宋代以后，客家民系在闽西地区开始形成并发展，但由于闽西山区生产资料有限、生存环境原始，客家人从北方中原地区迁徙来此以后，则面临战胜困难和适应气候环境改变的问题，也正因为如此培养出了客家人不惧艰险、开拓进取的民系气质。在客家人发源地闽西山区，客家人还以“崇文重教、坚忍不拔、重视宗族”的性格特征享誉盛名，不少人已经成为知名企业家或者海外侨胞。在时代的更迭中，客家人的优良传统和优秀品质被世界赞许和认可。

在客家民系的发源地，客家文化传统一直发展延续至今，成为一种以“中原汉文化”为主干，又融入本地少数民族文化的特殊的汉族民系文化。保留下来的客家传统建筑也反映着浓浓的汉文化气息：客家土楼的“聚居而居”、客家“九厅十八井”民居建筑中的“合院式”原型等，都显示了汉文化“聚气”的思想，也都与客家人的生存和发展息息相关。

3.3 客家人的客家楼阁

客家人世代的生产生活方式创造了土楼，作为居住使用，还修建

了土木楼阁作为公共服务建筑，这些楼阁大多作为村落中的标志性建筑，如村口塔、祭祀神庙等；也有的用来作为一组建筑群中的附属建筑，如钟楼、鼓楼等；还有的是作为城楼，或者风景楼阁等。大小楼阁的形成和发展都受到其功能的影响，其中公共祭祀功能的神庙楼阁建筑的精美程度和规模体量尤为突出，往往这种神庙性质的楼阁形成过程也充满了人文气息。

客家人是一个“泛神论”的民系，对泛“神”的依赖是客家人勇往直前的精神寄托，也是百姓生活中“实用主义”智慧，所以客家人对神庙的建造是比较看重的。最初，神庙都是单层，但在客家人眼中，神庙越气派，越高大则寓意族系越兴旺，所以在子孙代代传承中，当后代中如果有人出人头地，就会捐资修葺神庙，逐渐加高加大，或者有人为了保护祖宗的遗产以及庙里的神灵，不惜四处化缘求资修建神庙，单层的神庙被层层加高最后变成了楼阁的模样，也就是我们现在所见到的这种大型的土木结合的楼阁。一般情况下，一座楼阁从设计到落成，需要经过严密的设计和施工，时间和资金的投入都很大，因此拥有一栋高层客家楼阁建筑不仅象征着这个村子历史古老并且人丁兴旺，也展示着族系的发达和富足，楼阁的层数越高，形制越大、装饰越精美则暗喻着村子的血脉可以源远流长。可见，从某种意义上说，大型土木结合的客家公共祭祀楼阁建筑是客家人对宗族血脉的看重，以及 “追远慎终”的性格特点写照。往大了说，它反映了中华民族优良传统中的“重根性”；往小了说，则是优秀传统建筑的“地域性”，客家建筑的“客家性”。

3.4 闽西客家楼阁的统计

经过收集查阅闽西地区的历史资料，在闽西的三明地区和龙岩地区曾经出现过的公共建筑楼阁经统计约有 49 座，其中，三明地区约有 19 座，多为砖石结构楼阁式古塔，修建时期最早为后唐时期，最晚在清朝乾隆年间；龙岩地区约有 30 座，多为土木结构楼阁建筑，修建时期最早为唐朝，最晚是清朝道光年间。具体三明地区客家楼阁建筑统计如表 3–1 所示，龙岩地区客家楼建筑统计如表 3–2 所示。

表 3–1　三明地区客家楼阁统计表

地区	楼阁名称	层数	高度（m）	建造材料	始建年代	位置
宁化	慈恩古塔	7	—	砖结构	后唐同光至宋宣和年间（924—1125 年）（现重建）	城南塔下街
	青云塔	7	—	砖结构	明万历年间(1573—1619 年)	宁化县城关外
	允升塔	7	—	砖结构	清乾隆四十年（1775 年）	宁化县城关外
	（以上三塔已全拆）					
清流	大丰山顺真道院	2	—	土木结构	始建于宋，具体年代不详	赖坊乡境大丰山
	邓家村真武庙	2	已毁	土木结构	清代早期，具体年代不详	灵地镇邓家村北部
	悟地村海会塔	—	15	原木后石	清乾隆十一年（1746 年）	温郊乡梧地村
明溪	御帘村凌霄阁	3	15	砖结构	明崇祯元年（1628 年）	明溪县御帘村
泰宁	朱口镇青云塔	7	21	砖石木结构	明末崇祯五年（1633 年）	朱口村白云峰半山腰
	文昌塔	7	26	砖木结构	明万历二十八年(1601 年)	泰宁张家坊水口
	天乙峰塔	7	12.5	砖结构	明中早期，具体年代不详	朱口镇石辋村
三元	八鹭塔	7	12.6	石结构	—	三元中村松阳
大田	文昌阁	3	14.64	木结构	明嘉靖十五年（1536 年）	大田一中校园
建宁	联云塔	7	14	砖石结构	明天启四年（1625 年）	高家岭宝塔寺东面
将乐	文武庙	2	21	土木结构	清乾隆二十六年(1761 年)	万泉乡良地村
	佛堂塔	7	20	砖石结构	始建于明，具体年代不详	古镛镇和平村莒峡山
沙县	罗邦塔	7	9	石结构	清康熙三十四年(1695 年)	夏茂镇罗邦村下池坑山顶
永安	双塔（登云塔、凌霄塔）	7	30	砖石结构	明万历二十一年(1594 年)	永安城区
	安砂双塔	7	29.65	砖木结构	明崇祯七年（1643 年）	安砂镇九龙溪

表 3–2 龙岩地区客家楼阁统计表

地区	楼阁名称	层数	高度（m）	建造材料	始建年代	位置
上杭	中都云霄阁	7	20 余	土木结构	明嘉靖年间（1522—1566 年）	中都乡田背村水口
	太拔凌霄阁	7	—	土木结构	清康熙年间，具体年代不详	太拔乡院前村水口
	蛟洋文昌阁	外 5 内 4	20 余	土木砖结构	清乾隆六年（1741 年）	蛟洋乡蛟洋村
	八角亭	6	20 余	土木结构	明末年间，具体年代不详	茶地乡高屋村
	李氏宗祠之围楼	2	13	土木结构	清道光十六年（1836 年）	稔田乡官田村
	耸魁塔	5	17	石基土墙	清嘉庆十五年（1810 年）	下都乡砂睦村豪猪窝山顶
	三元塔又周公塔	7	20	砖木结构	明天启七年（1627 年）	中都乡上都三元岭
	上登回龙阁	5	16	土木结构	明洪武年间（1368—1398 年）	上杭县临城镇上登村
	上登回澜阁	3	16	土木结构	明万历癸酉年（1573 年）	上杭县临城镇上登村
	天后宫	3	—	土木结构	南宋咸淳元年（1265 年）	上杭县丰稔乡枫山村
永定	西陂天后宫	7	40	土木砖结构	明嘉靖二十年（1543 年）	高陂乡西陂村
	下洋关帝庙	3	10	土木结构	清乾隆年间（1736—1796 年）	下洋镇东联村下山甲
	富岭天后宫	3	32	土木结构	清嘉庆二十三年（1818 年）	永定县高陂富岭溪水口
	北山关帝庙	4	40	土木结构	明万历八年（1580 年）	永定县高陂镇北山村
	镇江塔	3	—	土木结构	不详	永定县太溪乡联合村
	汤子角天后宫	2	—	砖木结构	清康熙年间	下洋镇中川村旗山
	东华山鲤鱼浮塔	4	15	砖木结构	清嘉庆四年（1739 年）	抚市乡东安村东华山
	文馨塔	8	40	石基砖墙	清乾隆四十六年（1782 年）	古竹乡高南村水口山上

续表

地区	楼阁名称	层数	高度(m)	建造材料	始建年代	位置
连城	璧洲文昌阁	5	18	砖木结构	清乾隆二年（1737 年）	莒溪乡璧洲村
	培田村文武庙	2	16	—	明成化年间始建，清乾隆四十四年（1779 年）改建成二层	宣和乡的培田村
	中华山性海寺钟鼓楼	2	—	砖木结构	明洪武四年（1371 年）	连城新泉乡
	紫阳书院	2	—	砖木结构	清乾隆二年（1737 年）	姑田镇的西山
武平	均庆寺钟鼓楼（已拆）	2	—	土木结构	建于北宋，明（1573 年）重建，清（1751 年）重修	岩前镇灵岩村
长汀	云骧阁	2	—	土木结构	始建于宋，清重建	汀城乌石巷80 号
	八角亭	3	—	木结构	始建于明，具体年代不详	法院内东山上
	北极楼（玄武楼）	2	—	土木结构	始建于明初，清道光初（1821 年）重建	卧龙山巅
	广福禅院	2	—	砖石结构	始建于南唐，具体年代不详	童坊乡彭坊村平原山
	三元阁（宋广储门城楼）	2	—	砖木结构	始建于唐大历年间	汀城和平路
	宋朝天门城楼	2	—	砖木结构	建于宋治平三年（1066 年）	汀城东大街
	明宝珠门城楼	2	—	砖木结构	唐大历四年（769 年）	汀城南大门

3.5 闽西客家楼阁的分布

从表 3-1 和表 3-2 统计的数据以及图 3-2～图 3-5 中可以看出，福建客家楼阁的分布呈现一种“总体分散，局部集中”的特征。再从楼阁始建年代、楼阁高度、楼阁结构体系等方面入手可以发现，自宋朝开始，闽西地区就已经有客家楼阁建筑出现了，到清朝年间，仍然有更多新的客家楼阁建筑修建落成。闽西地区南部和北部的楼阁在发展中各有特点：北部地区的楼阁建筑基本不采用木结构建造楼阁，较

多采用砖石结构，楼阁高度较高多在六层以上；南部地区则不同，这里的楼阁除了砖石结构，更多的楼阁是土木结合的构造，楼阁数量比北部地区多，楼阁高度低的有两层高，高的到七层以上。然而楼阁损毁的情况在各地也都有发生。

图 3–2　楼阁分布图

图 3–3 楼阁始建年代分布图

N
邵武市
天乙峰塔
朱口镇青云塔
良地村文武庙
顺昌
高家岭联云塔
张家坊文塔
将乐
南平市
龙栖山佛堂塔
夏茂镇罗邦塔
明溪
御帘村凌霄阁
宁化
邓家村真武庙
三明市
慈恩古塔
青云塔
温郊海会塔
尤溪
三元八鹭塔
允升塔
步云塔
赖坊顺镇道院
登云塔
仰山塔
八角亭
三元阁（广储门城楼）
永安凌霄塔
朝天门城楼
汀州云骧阁
童坊广福禅院
大田
宝珠楼
北极楼楼
培田文武庙
姑田紫阳书院
德化
莒溪文昌阁
性海寺钟鼓楼
漳平市
永春
临城回龙阁
蛟洋文昌阁
临城回澜阁
龙岩市
太拔凌霄阁
富岭天后宫
安溪
北山关帝庙
中都云霄阁
中都三元塔
西陂天后宫
华安
下坝儒林第
稔田宗祠围楼
抚市鲤鱼浮塔
岩前均庆寺钟鼓楼
丰稔天后宫
长泰
茶地八角亭
下都耸奎塔
古竹文馨塔
太溪镇江塔
汤子角天后宫
漳州市
厦门市
东联关帝庙
南靖
龙海市
平和
云霄
诏安
图 例
土木结构
砖木结构
砖石结构

图 3-4 楼阁结构分布图

图 3-5　楼阁高度分布图

以上数据最值得注意的是，客家楼阁的保护修缮工作存在很大缺失。据了解，客家楼阁并未单独作为重要的一类客家建筑而引起足够的重视，一些楼阁影像资料、构造数据等相关资料未做过整理工作，以至于有些因年久失修而倒塌或者疏于管理而损毁的楼阁已经无法复原其原貌，一座传统的客家建筑就这样消失了，对客家建筑研究工作来说也是极大的损失。

4 福建客家楼阁的“千姿百态”和“五花八门”

福建客家楼阁在闽西地区现存数量多、分布范围广，小到两层的城楼、文庙楼阁，大到七层的公共祭祀楼阁，形式造型多种多样。细观福建客家楼阁，各种形式的变化与统一，高与低、方与圆等，可谓组合变化灵活，其对应的建造手法和建造样式之间存在“小异”但也维持“大同”。

“异”即是指表面上呈现出一种“无规则性”，其实这种现象可以理解为一种“自发性”“有机性”，也正说明了福建客家楼阁产生于民间，由老百姓自己建造。相异于遵从皇家等级制度的官式建筑、皇家建筑，因此没有特殊的用材和形制上的讲究，唯一需要满足的就是族系内生活、生产的需要。摆脱了参照和约束，相比之下福建客家楼阁是自由度很大的民间工程，这大概就是楼阁的形式更加随机、融合性更强、形式变化更多的根本原因吧。

但事实上，客家楼阁这种表面上的“杂乱无章”，并不是一种设计上的随意，而可以理解为是一种建筑设计灵活的处理方式，将土木结合的形式灵活变化，使楼阁造型也变化多端，展现出来则给人一种外形不同，细节相似，仔细研究却还是存在差异的恍惚感，这是否就是民间建筑艺术之所在呢？

一座客家楼阁的落成，不仅受到环境、气候、地形的影响，还会受到一个族系的财力、人力等实力的限制，因地、因时、因人而建的楼阁即是“那里、那时、那人”的客观写照。要研究客家楼阁就要从营造技艺入手，相信他们之间“同”的部分就是这一地区世代的探索与选择中所得出的最实用和好用的技艺——土木结合的技艺。为了深入了解和研究这种技艺，我们将千姿百态的楼阁进行宏观归类总结（图 4–1）。

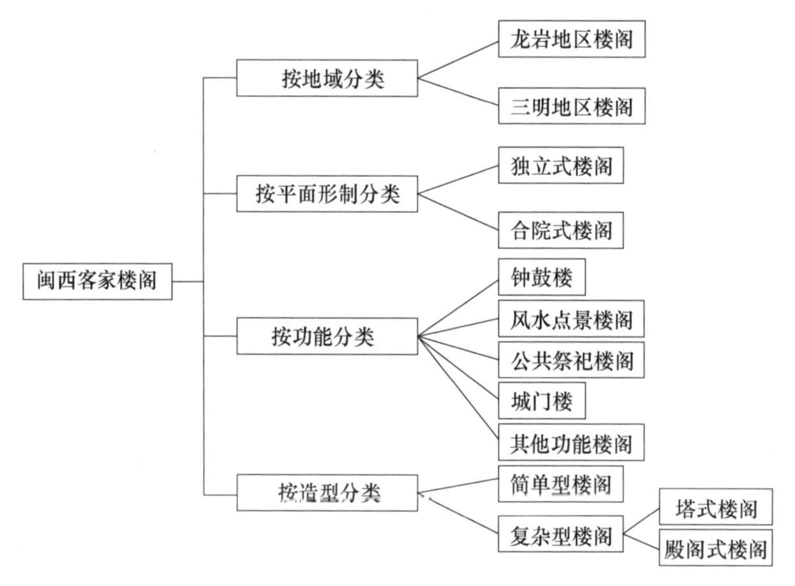

图 4–1　楼阁研究类型分析

4.1 按地域分类

从前面介绍的闽西地区概念可以看出，闽西客家地区可以分为闽西南龙岩片区和闽西北三明片区。龙岩片区主要包括长汀、连城、武平、上杭、永定；三明片区主要包括宁化、清流、明溪（参照图 3–1）。在这两地的地理气候以及人文环境的影响下，闽西南和闽西北地区的客家楼阁具有各自的特点。

龙岩地区的楼阁建筑以土木结构楼阁居多，也有一定数量的砖木、砖石结构楼阁，大部分楼阁整体保存现状良好。这些楼阁建筑在造型

艺术、结构特征等方面既拥有统一的客家建筑特征，又因为各地修建方式方法的不同存在细节的差异。历史上这些楼阁的使用功能有祭祀祈福、标志空间、风水镇物等，有些楼阁沿用至今一直保持原有使用功能，同时有些楼阁的使用功能随着时代的更迭发生了改变，但都是以服务生产、生活的需要为目的的改变。

塔和楼阁在中国古建史上存在着传承的关系，即“塔”是中国本土“楼阁”与佛教“窣堵坡”相结合的产物。三明地区有很少数量的楼阁但是有很多数量的塔。三明地区的古塔基本可以分为佛塔、文峰塔两类，主要用于宗教意义、祈福、镇物、风水补缺等。这一地区的土木结构楼阁曾存在两处：将乐县良地村文武庙和清流县邓家村真武庙（已烧毁），都是公共祭祀楼阁。据调查发现，由于历史或者自然的原因，三明地区很多古塔、楼阁已经倒塌、损毁，有的在原址进行了重建，但是新建筑并未遵循古建筑的原貌。其中，有些珍贵的历史古迹并没有留下文字和影像资料，有的只在县志的记载中提到过名字，在其损毁后再也无迹可寻，无法供后来学者研究了。

不得不提的是，闽西客家地区的文物保护工作明显存在着不足，一旦发生实例倒塌或者损毁，又没有没有足够的依据复原古建原貌的话，将会是三明地区客家楼阁建筑乃至中国古建筑研究工作的损失。

4.2 按平面形制分类

我国的传统建筑可以通过平面形制来反映建筑的规模，比如开间和进深的数量越多，则建筑的规模越大。同时，传统的宫廷建筑要服从严格的等级制度要求，不能越级，以示尊重。比如，屋顶形式的选用，院口大门形式的选用等，在这样的规范约束下，建筑形制会有一套定制的模样。福建客家楼阁则不同，因为不用屈从于等级规范而使福建客家楼阁的建造获得了更大的自由度，楼阁的规模大小、平面形制都会根据自然地理环境、社会背景、人文背景、财力、人力等因素的不同而有各自的变化。屋顶的形式也与平面形制直接有关，将各种平面形制化繁为简后，可将客家楼阁建筑分为两种：独立式与合院式（图 4–2）。

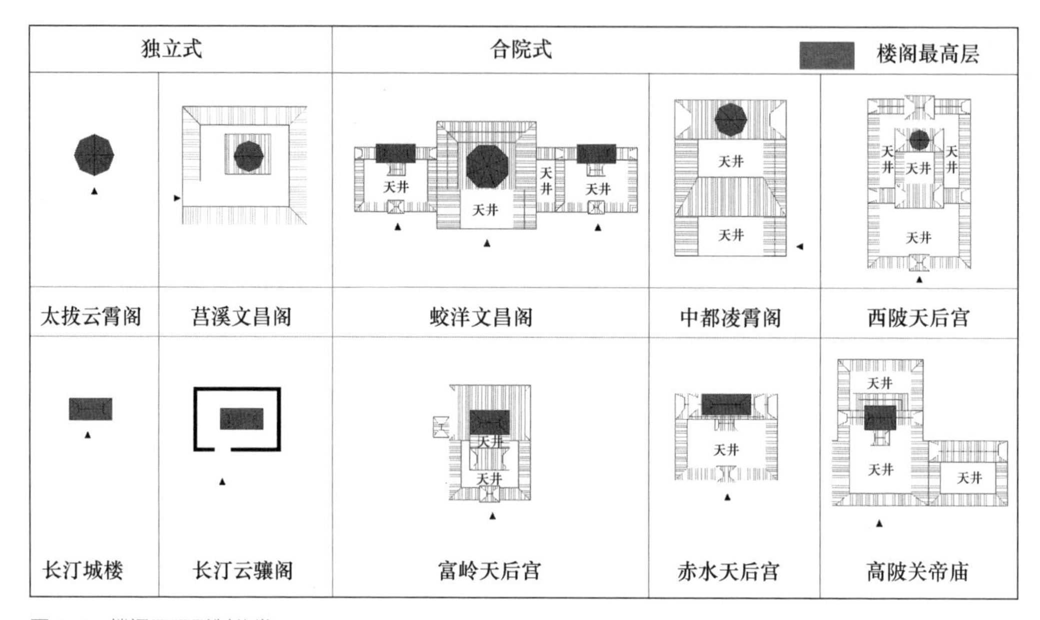

图 4–2 楼阁平面形制分类

1. 独立式楼阁

独立式楼阁结构都是自成一栋，没有与周围的附属建筑相连，有的地方以楼阁为中心围了院落，比如在其周围有矮墙或围屋，没有围护的独立楼阁多为单一功能的楼阁，体量也较小。独立式楼阁多是用于村口标志，或者城门、城楼等，因此大多结构简单，艺术性相对较弱，如太拔凌霄阁、长汀八角亭、长汀云骧阁、永定县上登回龙阁、永定县下洋镇关帝庙等。

2. 合院式楼阁

合院式楼阁建筑规模较独立式楼阁更大，其包含的建筑形式也更丰富，一个合院式楼阁可以由楼阁、厅堂、围廊、戏台、酒楼、拜亭等建筑通过连廊围合成院落形式。在院落中，楼阁是主导，位于院

落重要位置，多在轴线的中后部，作为游线的“高潮”，院落内是否沿轴线设置如戏台、酒楼、拜亭等相关设施并没有固定的形制标准，是否设置都是因村而异。小规模的楼阁只有一进院落，大规模的楼阁会沿轴线串联形成两进院落，如上杭县中都云霄阁；或者联合其他神庙形成两进院落或两进以上的院落群，如上杭县蛟洋文昌阁；或者综合横向与纵向展开形成两进院落以上的院落群，如高陂镇北山关帝庙；还有的形成院落套院落的特殊形制，如永定县西陂天后宫。

值得一提的是，客家公共祭祀建筑中，一座建筑中会供奉多位神仙，即“多神合祀”。这是客家民系的一种实用主义传统，体现在楼阁建筑中即表现为楼阁中每层供奉不同神仙的现象，或者合院楼阁的院落群中不同院落供奉不同神仙的现象。这是信仰“泛神论”的客家人节省祭祀空间的一种操作方法，但是否也映射了客家民系作为独立的汉族民系在融入新环境过程中产生的一种顽强的精神寄托，是客家民系在应对困难时所彰显出的强大生命力呢?

4.3 按功能分类

福建客家楼阁的功能类型大致归结起来可分为以下五类。

1．城门楼阁

如长汀广储门城楼的三元阁、明宝珠门城楼。

2．公共祭祀楼阁

如上杭蛟洋文昌阁、永定西陂天后宫、长汀广福禅院、清流顺真道院。

3．观景、点景楼阁

如长汀的云骧阁和八角亭、永定东华山鲤鱼浮塔。

4．钟鼓楼

如连城县新泉村的中华性海寺钟鼓楼、武平的均庆寺钟鼓楼。

5．其他楼阁

这类楼阁自建成以来其使用功能会因时、因事而变，比如时而为粮仓，时而为牲畜舍等。

事实上，将一座楼阁只赋予某一种功能并不全面。有的楼阁担当的功能不止一种，甚至是多种。比如，蛟洋文昌阁作为公共祭祀楼阁，同时也是坐落于水口的标志塔，其现在也同时是蛟洋县的标志景观。所以，这也说明了，福建客家楼阁是功能多样、运用广泛的一种建筑形式。

4.4 按造型分类

如前文所述，福建客家楼阁不受等级制度的约束，并且没有统一的建造模式，基本上楼阁规模是由所在村财力和物力等实力条件来决定，所以各地所修建的楼阁造型的复杂程度也有着隆重与简洁的差异。从造型的角度把楼阁建筑的“繁”与“简”分开，将楼阁分为两大类：简单楼阁和复杂楼阁，其中复杂楼阁又包括塔式楼阁和殿阁式楼阁。

1．简单楼阁

简单楼阁是指通过“层”的复制、累叠，形成两层及两层以上的楼阁建筑。如小池镇龙驰书院塔（图 4–3）。这类楼阁构造简单，造型也比较简洁，上层或有一定程度的收分，高度一般在三层或三层以下。平面方形和平面八角形的简单楼阁都不少见，如东华山鲤鱼浮塔（图 4–4）、永定县下洋镇关帝庙、长汀云骧阁（图 4–5）等。称之为简单楼阁还有另一个原因就是，复杂楼阁的结构体系中包括了简单楼阁的构造和连接形式，并在此基础上衍生出了更多构造方式，达到了更丰富的造型效果。一句话，“简单”属于“复杂”。

4-3 | 4-4 | 4-5

图 4-3　小池镇龙驰书院塔
图 4-4　东华山鲤鱼浮塔
图 4-5　长汀云骧阁

2. 复杂楼阁

复杂楼阁是指那些随着层数升高，楼层平面有明显变化的楼阁，或平面缩小，或平面形式转变。这种类型的楼阁层数多在三层以上，楼阁造型丰富多样。从外形的角度上，可再细分为塔式楼阁和殿阁式楼阁。

塔式楼阁是指外观上形似“宝塔”的楼阁，并且随着楼阁层数的升高，平面由四边形变化成了多边形的楼阁。福建客家楼阁塔式复杂楼阁中多是变成八边形，这种平面的转化形式不仅艺术性更高，也极具代表性。如图 4-6 所示为上杭县上登村回龙阁。

殿阁式楼阁是指楼阁构造类似于传统楼阁中的“殿阁式构架”的楼阁。殿阁式构架是传统木结构多层房屋的构架方式，在宋代《营造法式》中有明确的描述，即是指多层的“殿堂形构架”，而殿堂形构架是指一种传统木结构建筑的屋架构架形式，其受力体系可以看作结构层的累叠，从而形成竖向受力的结构体系，其中每个结构层是紧密联系、合为一体的。这种木结构构架的平面可以有不同形式的分槽，这一点在殿阁式闽西客家土木楼阁的平面中就有所体现。如图 4-7 所示为永定县富岭天后宫。

4-6|4-7

图 4-6　上登回龙阁

图 4-7　永定富岭天后宫

通过将福建客家楼阁建筑进行造型特征、平面形制、构造形式等方面的归纳分类，客家楼阁建筑的共性与特性一目了然。在分析的过程中也进一步展示了福建客家楼阁的人文特色、形态特色、功能特色及实用主义特色等，而福建客家楼阁最主要的特色即土结构与木结构的结合部分。

5 土木结合的客家公共祭祀楼阁

在中国古代建筑发展史上，最早“土木结合”构造形式的出现可以追溯到新石器时期，在居住方式开始由“穴居”向“半穴居”演变的过程中，土木结合构筑物在原始社会建筑活动中就已经开始出现。奴隶社会时期，“殷人重屋”之说盛行，这一时期的建筑形象是古朴简洁的“茅茨土阶”：夯土台基、木骨泥墙、茅草屋盖。也就是说，“茅茨土阶”是一种坐落于地面以上的土木结合构筑物，孕育了木结构技术发展的起源。到春秋战国时期，“高台建筑”开始出现，高台建筑是皇家修建的高大的宫殿阙宇，在当时的技术水平下为使建筑高大恢弘，有的“以土为基，上累木构”，有的则围绕夯土基，层层构木，通过这样的方式，建筑的立面看上去就是大体量的多层建筑。秦汉时期，“高台建筑”的发展达到了顶峰，超尺度的建筑物开始大量出现，同时木结构建筑也开始初步发展，斗拱技术、“抬梁式”和“穿斗式”的木结构屋架以及屋顶的各种形式都开始出现，独立的木结构楼阁也已经产生。从此为木结构技术在传统建筑营造技术中占有绝对的主导作用展开了篇章。

总言之，在人类居住方式逐渐由地下转至地上的过程中，“土木结合”的构筑物是作为人类居所发展的一种过渡形态出现的。在单木结构技术还不发达的时期，土木结合的构造方式满足了早期对建筑高度和建筑体型的要求，换句话说，与单木结构的建筑相比，土木结合的构建方式是一种利用原始、简易、消耗小的技术手段来使大型的构筑物的建造成为可能的有效方式。

福建客家楼阁在中国传统楼阁发展史上并不是十分出名，但其土木结合的构造特点极为突出，并且先进于原始时期的土木结合构筑物或者早期的土木结合木塔：闽西客家楼阁建筑的夯土部分既是围护结构又是承重结构，同时在楼阁的造型上也占主导作用。前文已经介绍，土木结合的客家楼阁规模、造型个体之间差别很大，但是从土木结合构造的角度分析，可以总结出客家楼阁的一些代表性特点（图 5-1）：

第一，楼阁的平面对称，随着层数增高，面积逐层缩小，以形成楼阁建筑下大上小的造型特点，其中有的还会伴有平面形式的转变，由方形平面变为八边形平面。很多楼阁造型上呈现出“屋上出阁”的特点指的就是这种做法。

第二，都有客家特有的夯土结构承重墙，并且在立面造型和结构体系中占有一定的比重。夯土技术并不算是一种先进的房屋构造技术，但是在闽西客家地区运用十分广泛，构造也有特殊的做法，从最底层的夯土墙开始，底层墙厚度最厚，以“层”为单位由下往上层层减薄，若将墙纵向切开则是一个锯齿形。当然，墙体具体厚度是与楼阁的高度有关，楼阁越高，底层墙体则越厚。一般情况下，客家楼阁三层高夯土墙底层墙厚为 550mm，第三层墙厚为 350mm；四层高的夯土墙底层墙厚为 800mm，第四层墙厚为 350mm。

第三，当楼阁为方形平面时，楼阁屋架屋顶的构架采用悬山形式，但会在两侧山墙各加一层披檐，使造型上远看很像古建屋顶中的歇山顶形式。但事实上，闽西这种屋顶与真正的歇山顶并不相同，它们没有歇山顶的“收山”和戗脊，而且山尖部分很大，比披檐的长度大得多，所以这种屋顶做法应该看成是一种模仿高等级歇山顶的做法。

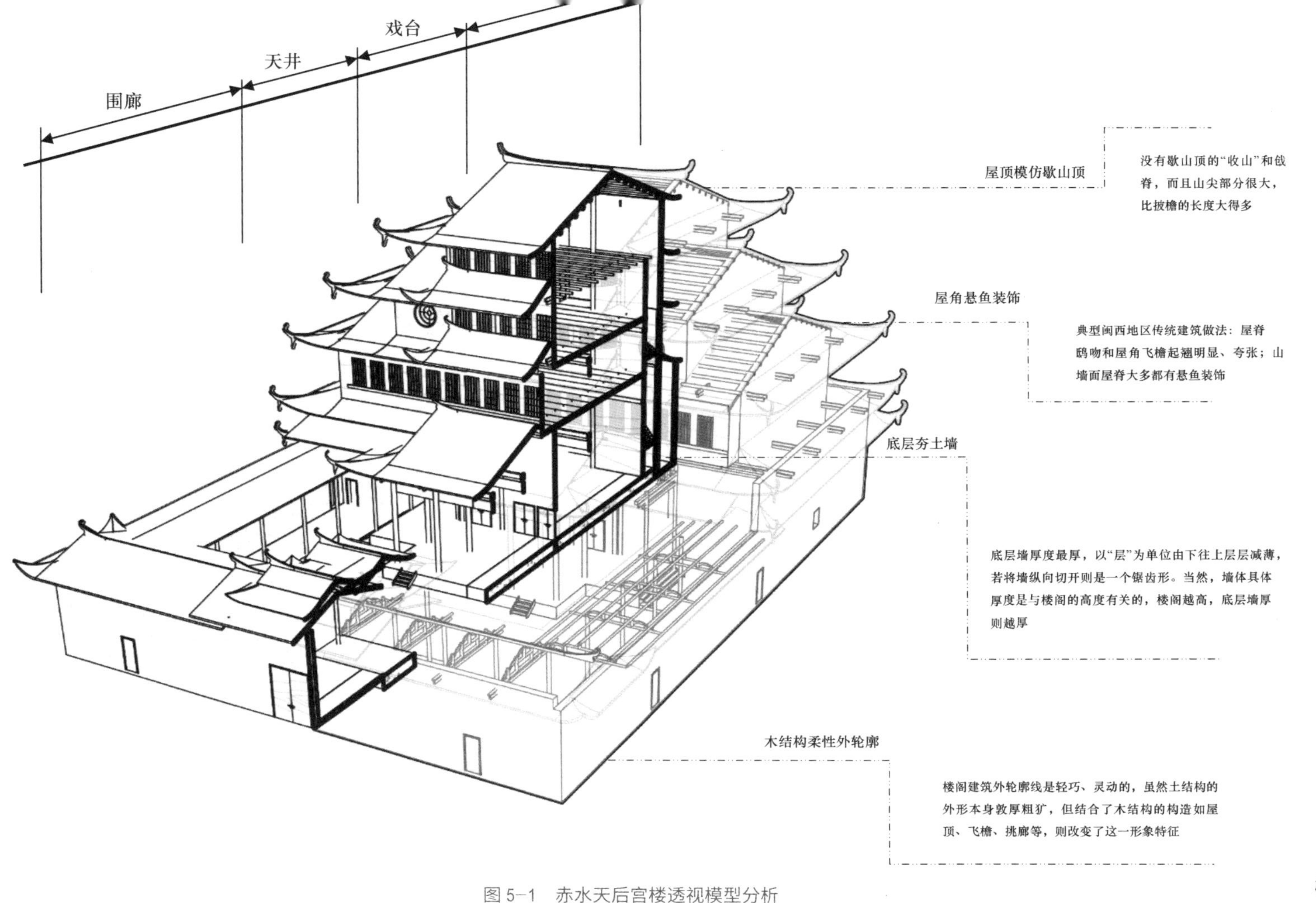

图 5-1　赤水天后宫楼透视模型分析

第四，楼阁屋顶的装饰做法是典型闽西地区传统建筑做法：屋脊鸱吻和屋角飞檐起翘明显、夸张；山墙面屋脊大多都有悬鱼装饰；屋檐的阳转角有角叶的装饰。

第五，楼阁建筑外轮廓线是轻巧、灵动的，虽然土结构的外形本身敦厚粗犷，但结合了木结构的构造如屋顶、飞檐、挑廊等，则改变了这一形象特征，这一特点似乎可以从土心木构的永宁寺塔的做法上找到渊源。

6 闽西客家土木楼阁的结构构造

闽西客家楼阁土木构造具有以下特征：

①“屋上出阁”；② 结构体系为下土上木；③ 合院式楼阁中，楼阁是合院的中心，控制整个布局；④ 夯土部分既是基础又是外围护结构，在院落布局中起决定性作用；⑤ 顶部为通柱式构架，多数不能登临；⑥ 土结构与木结构直接转换，构造特殊；⑦ 上、下层之间梁、枋、柱木构架也许并不相同，是随外墙夯土结构的变化而变化的。

带着以上的特征，通过西陂天后宫这一经典的闽西客家楼阁，我们具体分析一下闽西客家土木楼阁的土木结合构造处理方法。

西陂天后宫（图 6–1），位于龙岩市永定县高陂镇，是一座七重檐客家土木结构楼阁，体型庞大，保存完好，现为国家重点文物保护单位。负责看守天后宫的老夫妻就是西陂村的村民，楼阁内部的构件、彩绘等都维护得很好，整个天后宫的形制也基本遵循原始模样，现在仍然是村内的祭祀楼阁，香火旺盛。按照研究分类，该楼阁属于合院式复杂型塔式楼阁，是比较精美的客家传统建筑，集中了客家土木楼阁很多典型构造和造型特征，具有客家土木楼阁的代表性。

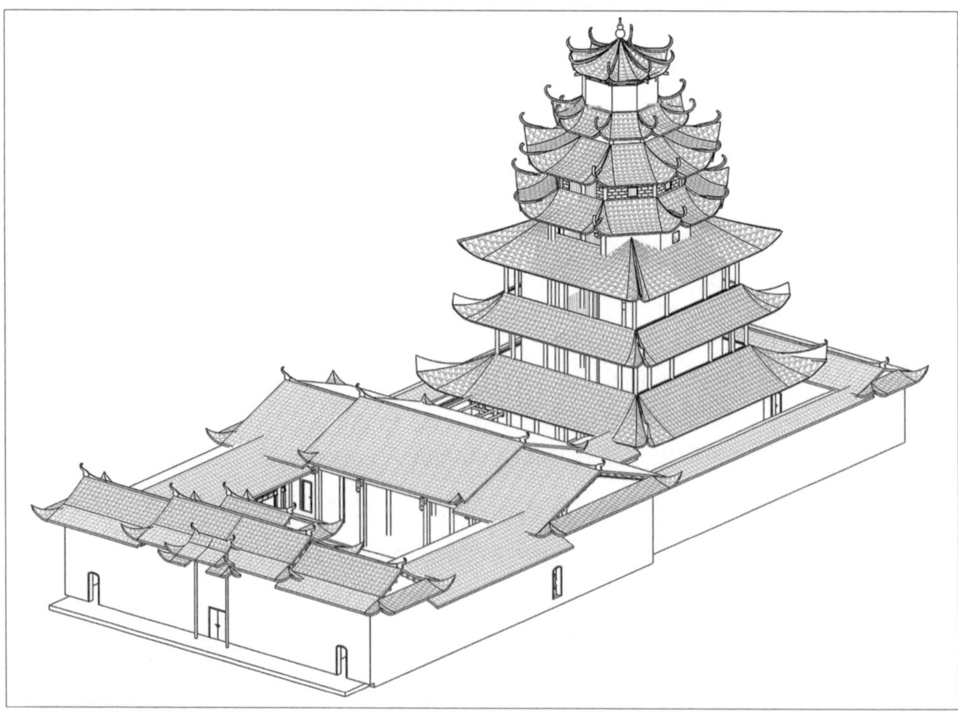

图 6-1　西陂天后宫及草模鸟瞰

西陂天后宫的平面布局属于两进院落串联，轴线上依次分布戏台、前殿、天后宫和后殿。

考察中绘制的西陂天后宫结构模型和剖面图分别如图6–1、图6–2和图6–3所示，从图中可以反映出闽西客家公共祭祀楼阁在造型和结构上具有如下特点：

① 闽西客家楼阁“屋上出阁”的特点，体现在造型上就是随着楼层的升高会有平面形状的改变。比如，一层为平面方形的大殿，层数越高，平面逐层变小或者从二层或者三层开始平面缩小并且变成八边形。西陂天后宫的一、二、三层平面为方形，四层开始平面变为八角形。一层和二层挑出不同宽度的围廊；第四层开始，内圈柱子上升并成为上层的外圈柱子，通过这样的方式，使大殿的上层形成层层内收的楼阁造型。

② 结构上采用“下土上木”的做法。如前文所述，夯土结构的构筑方式是累叠，木结构的构筑方式是架构，于是土木结合的客家楼阁形成了下部累叠夯土，上部架构是灵活轻巧的木结构部分的造型，这种结构不仅可以使土木结构的楼阁造型接近木结构楼阁灵巧的外形，还可以降低楼阁建筑的重心，增加了楼阁的稳定性。有的楼阁上部采用木构架砖砌填充墙，其原理是一样的。如西陂天后宫，承重结构的变化由下到上分别为夯土结构、土木结构、砖木结构、木结构。

根据图6–4的天后宫土木结构草模以及细部节点照片，可以反映出闽西客家公共祭祀楼阁在布局和设计上具有如下特点：

① 合院式楼阁中楼阁建筑体量高大，造型精美，常常是院落中的主要建筑，也控制着整个院落的布局。院落用连廊围合而成，有的院落是围屋围合。楼阁常常在院落中轴线后部的中心建筑位置，大型院落建筑类型会更丰富，会沿轴线设戏台、拜亭等公共建筑。当然，小型一点的楼阁院落则没有这些辅助设施。如西陂天后宫，两进院落，沿轴线依次是戏台、天井、前殿、后天井、后殿、厅厦。七层高的楼阁位于第二进院落中，是整个院落的最高点。

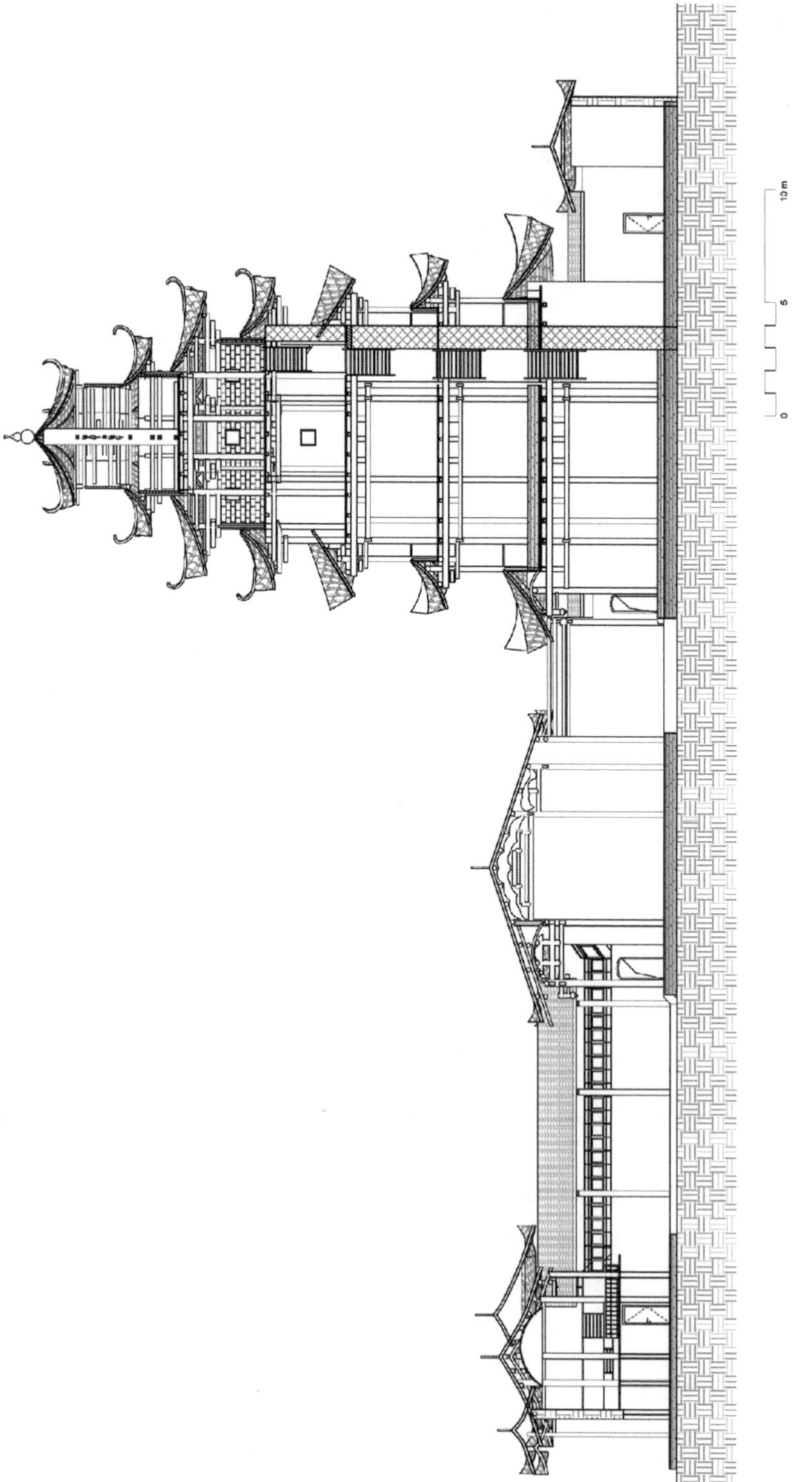

图 6-2　西陂天后宫横剖面图

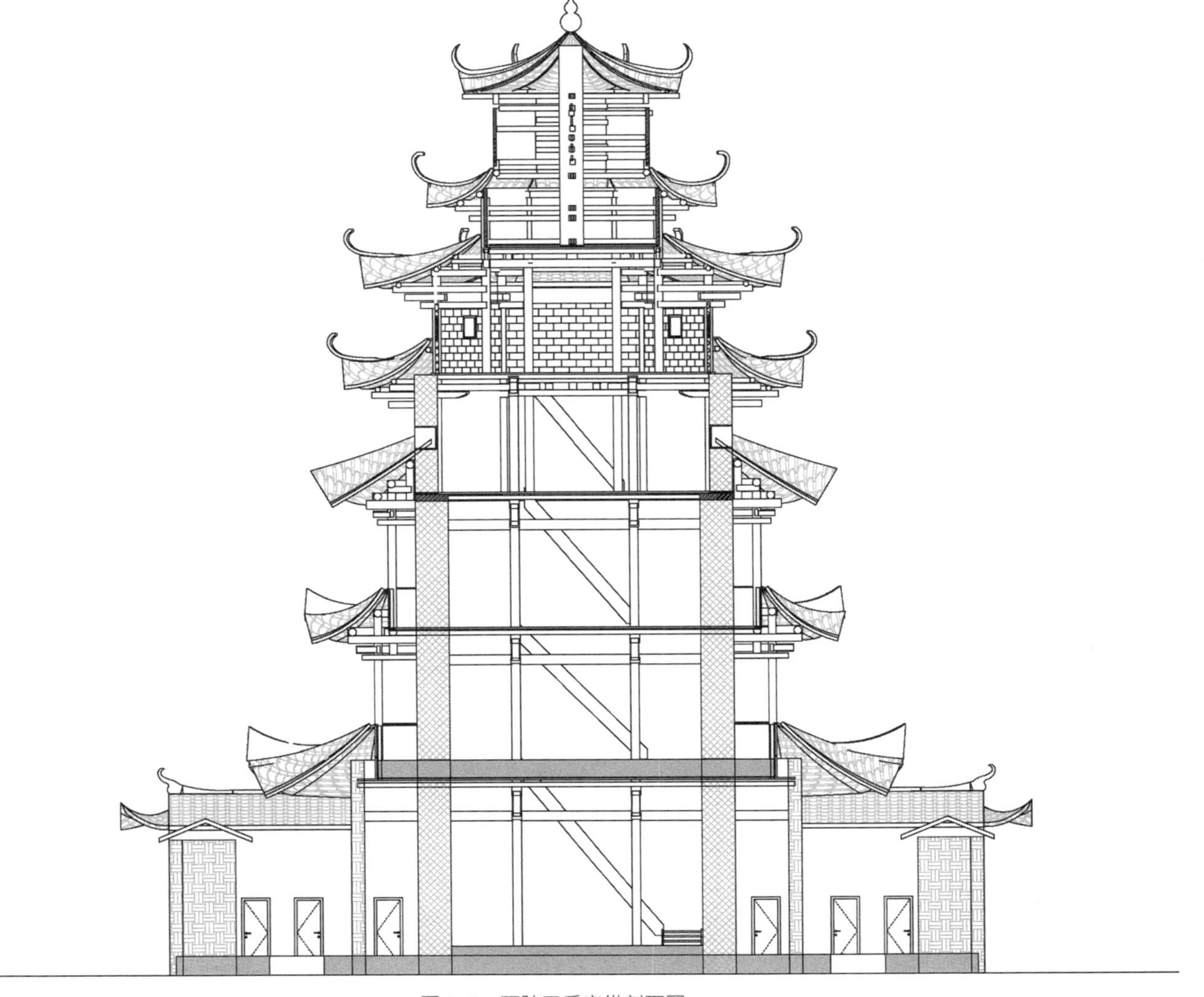

图 6—3 西陂天后宫纵剖面图

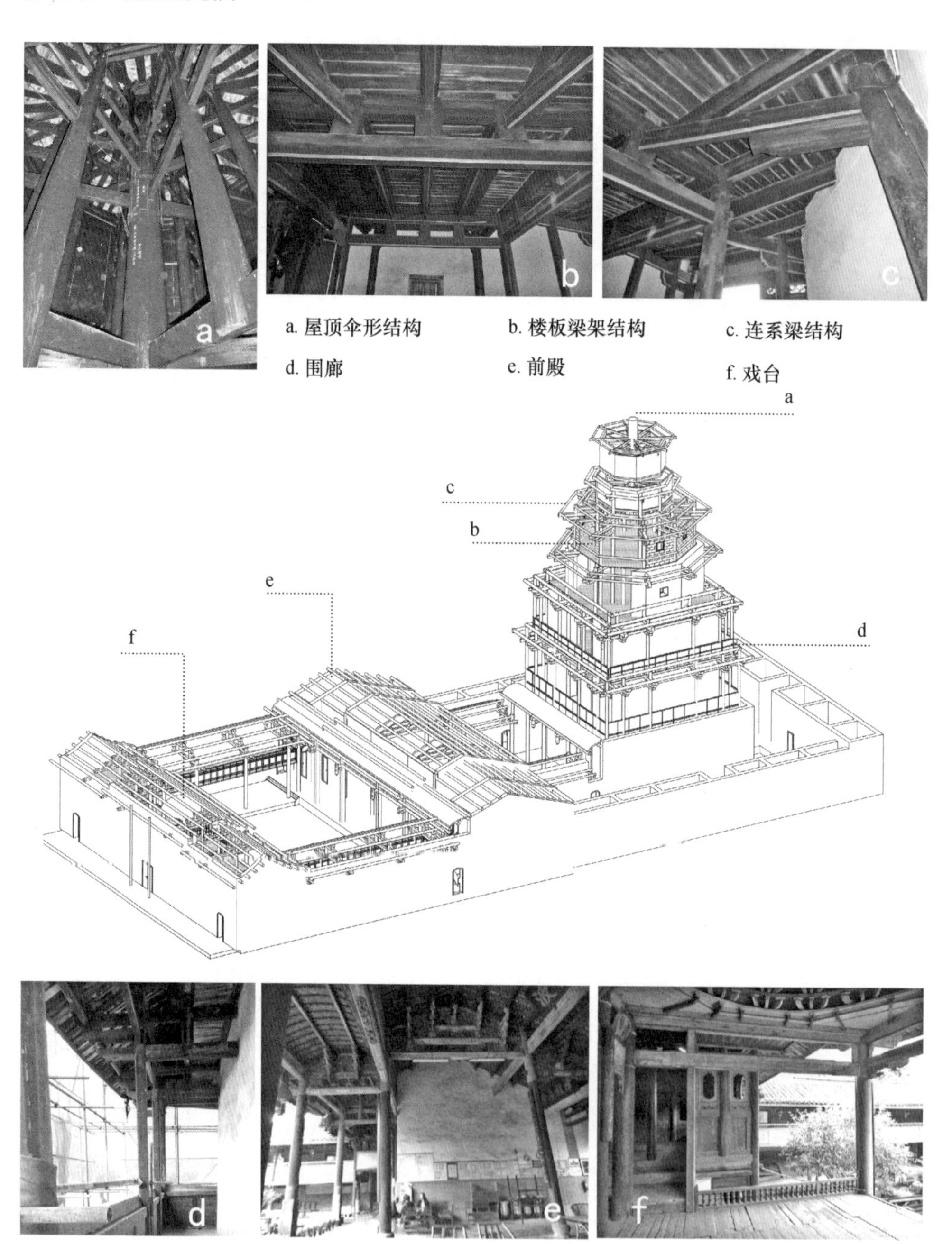

图 6-4　西陂天后宫土木结构草模及细部节点照片

② 夯土墙既是基础，又是外围护结构，在整个楼阁院落格局中夯墙起到重要作用。院落的范围和大小以及内部主要建筑的布局，在夯土部分就已经成型，就如同一株植物的根系，根系决定了上部的植株，

也直接影响上部植株。如图 6–4 所示，西陂天后宫若隐去木结构部分，露出来的夯土结构承重墙可以清晰地反映出院落的整体布局和形体走势，同时夯土墙的厚度也可以反映出上部木结构的高度。可见客家土木楼阁的结构形式相互联系，息息相关。

③ 顶部为木构“通柱型”构架，多数不能登临。正如楼阁早期的一种通柱式楼阁一样，所谓“通柱构架”是指以一根中心柱为结构核心的构架，而闽西客家楼阁的顶部多用一根杉木柱作为中心，若干悬臂梁从下至上辐射状展开，平面八角形，如此便形成了楼阁攒尖顶的木构架结构。当然，这种“伞”状木结构只有当楼阁是攒尖顶的时候才会适用。如图 6–3 所示，西陂天后宫的顶部两层就为这种结构，外部看上去是两层楼阁，但内部其实是一个通柱型伞状木结构。为了使楼阁出檐更多一层，显得楼阁更高大，这在中国传统楼阁建筑中是一种常见的手法。

通过西陂天后宫各层天花板投影及梁架结构透视（图 6–5 ~ 图 6–11）以及结构节点照片（图 6–4）还可反映出闽西客家公共祭祀楼阁中土结构与木结构的连接呈现以下特点：

1．夯土墙与木构的梁、柱直接交接

垂直交接处会根据情况用木梁转接，水平交接处则要在夯土墙夯筑过程中预留孔洞，预留孔洞下还要预埋木垫梁，这种土木交接的做法在客家土木建筑中是最常见的。其中最具难度的是，木结构梁一端搭在土墙上，另一端搭在木柱上的情况。因为夯土墙与木材的干缩程度是不同的，所以要确保结构干缩定型后楼板或者横梁保持水平，就要根据经验判断预留孔需要抬高的距离。土墙高度越高，准确把握干缩度的难度就越大。而把握不准确导致结构定型后预留孔洞与木梁高度不一致，就会直接破坏了木结构构架的稳定性，更不用说建造多层楼阁了。因此，建造土木结合的楼阁难度是很高的，换言之，闽西客家土木结合建造技术是很高的，彰显了建造者的水平。如图 6–4 的结构节点照片所示，在西陂天后宫的前殿和酒楼内就有很多一端支撑在夯土墙上，一端支撑于木柱横梁的水平土木交接实例；后殿内，为了缩小楼阁第四层平面并且将平面转变为八边形（图 6–8、图 6–9），在八个顶点位置安插八根木柱直通第五层，其做法就是在第四层与第三层交接处铺设了一圈 200mm 厚的木板梁，木板梁与下层墙厚同宽，第四层土墙变薄且沿木板外圈行墙，木板内圈安插八根木柱，通过这样的做法使楼阁夯土结构与木结构垂直方向交接过渡。

2．不同层的梁、枋、柱的木构架根据每层的夯土墙位置的变化而变化

不同层的梁、枋分布可能不同，柱子位置也可能不同，这是由于上下层平面变化时，外墙平面形式的变化而引起的。梁、枋联系着同层的柱和外墙，所以一栋楼阁中，若有的楼层平面改变，梁枋的分布情况也就不相同，不过构架原则都是梁、枋先把木结构外圈的柱子与内圈的柱子连接起来，使内圈柱子成为每一层的木结构平面中心，然后再插入外墙，将内部中心与外部围护连接。层与层之间，内圈的柱子尽量保证上下层对位，但也存在错开的情况。如此连接两种结构，使楼阁中心稳定。如图 6–6 至图 6–11 所示，西陂天后宫的各层天花板平面，从第一层到第四层，平面中心的四根柱子基本对位，第五层有错位，五、六、七层通过通柱连接。梁、枋把外墙、承重柱和挑廊柱子等联系起来，一、二、三层梁、枋分布呈井字交叉，随着楼层平面变成八边形，第四层梁、枋也过渡为井字交叉状与八角辐射状相结合，第五层梁、枋完全呈八角辐射状分布。

西陂天后宫很好地展示了闽西土木楼阁的构造特征，将客家楼阁在“土木结合”方面巧妙融合，利用两种结构不同的结构特性进行结构上的转化，以达到造型美观与艺术性展现。楼阁屹立上百年并且不断发展和创新，可见这种工艺做法的合理性和可行性。中国传统楼阁主要是木结构楼阁，所以客家楼阁的“土木结合”特征，具有很高的研究价值，下面我们重点讲述客家楼阁的不同土木结合方式。

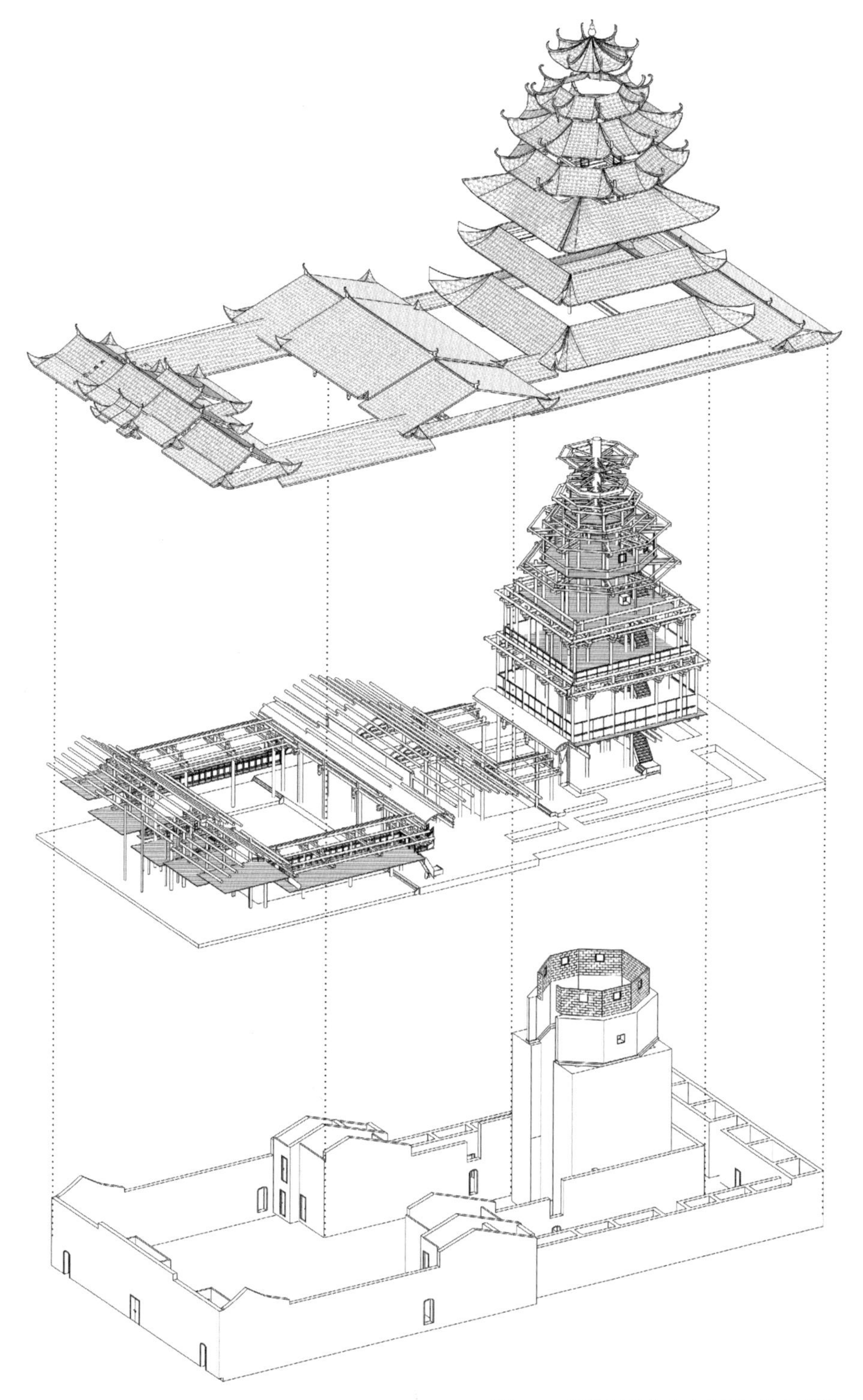

图 6–5　西陂天后宫土木分解结构分析图

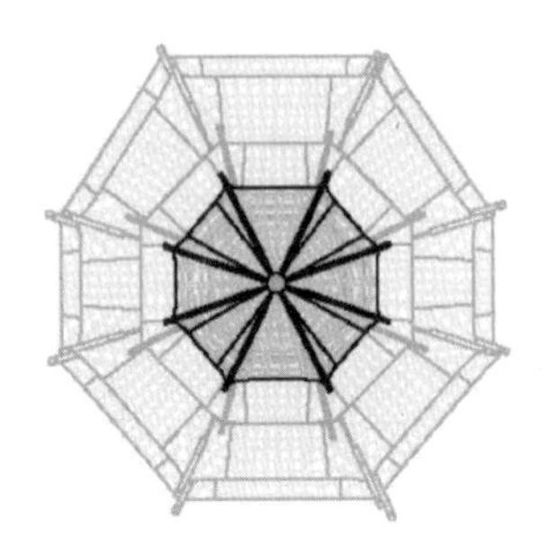

屋顶平面

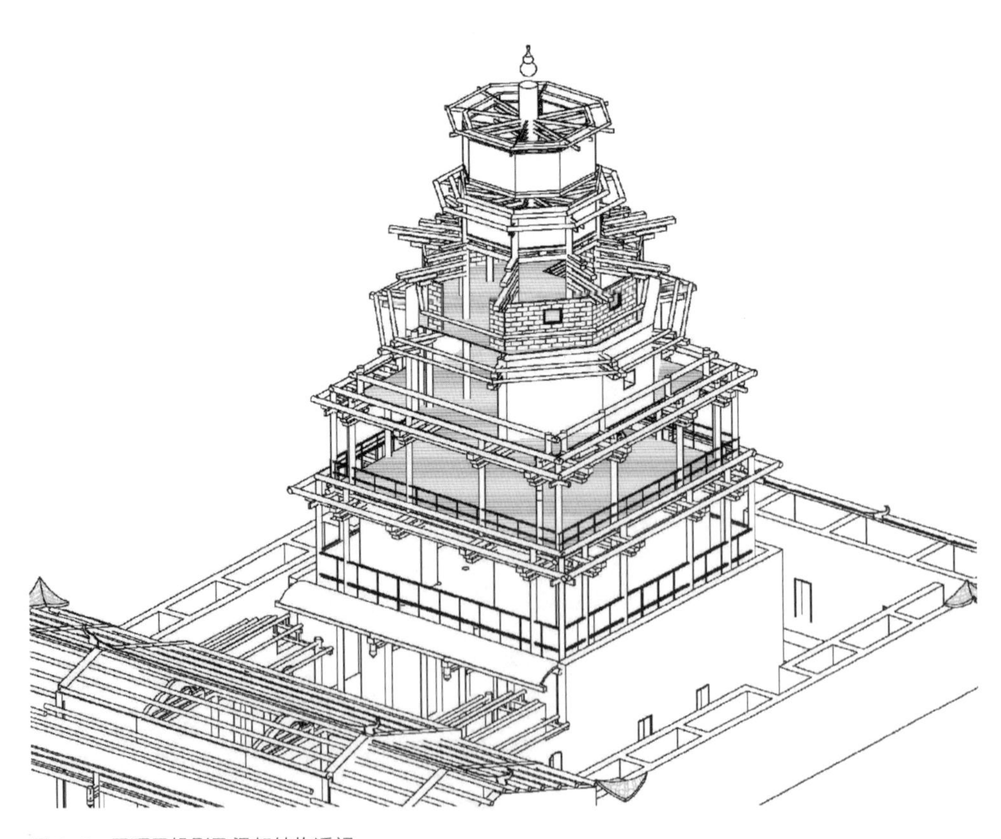

图 6-6　屋顶层投影及梁架结构透视

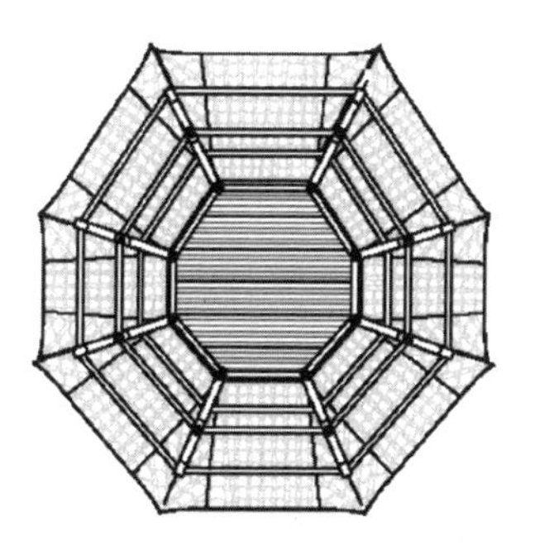

五层天花板平面

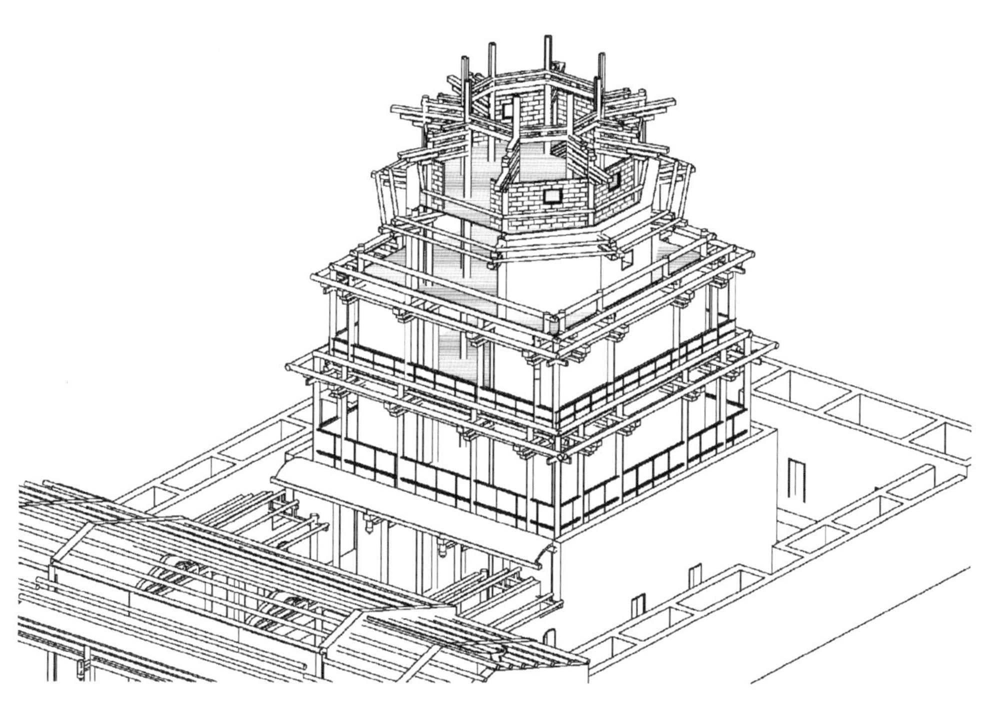

图 6-7　五层天花板投影及梁架结构透视

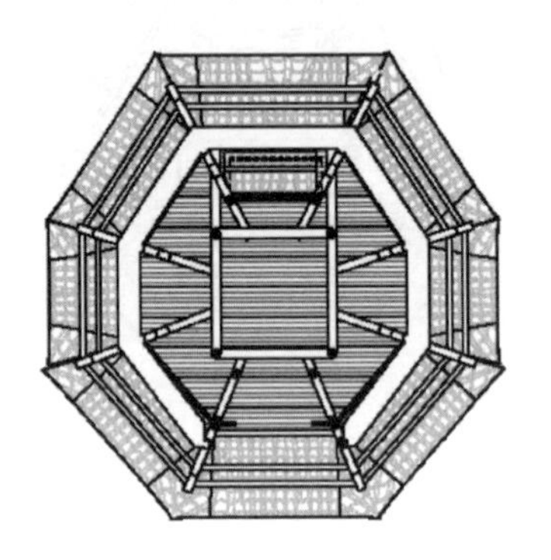

四层天花板平面

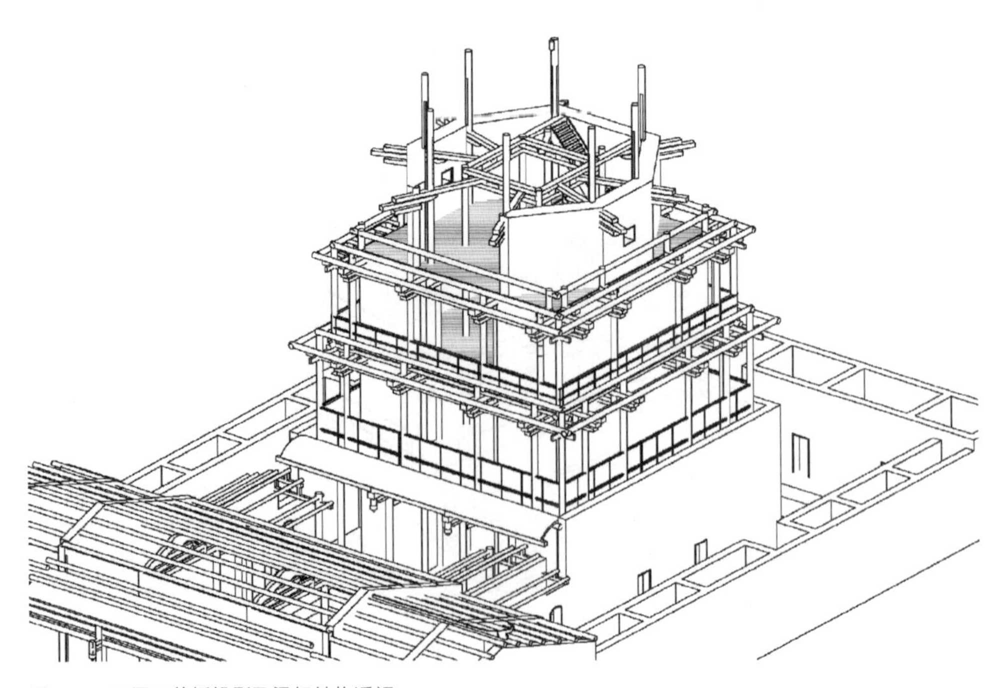

图 6-8　四层天花板投影及梁架结构透视

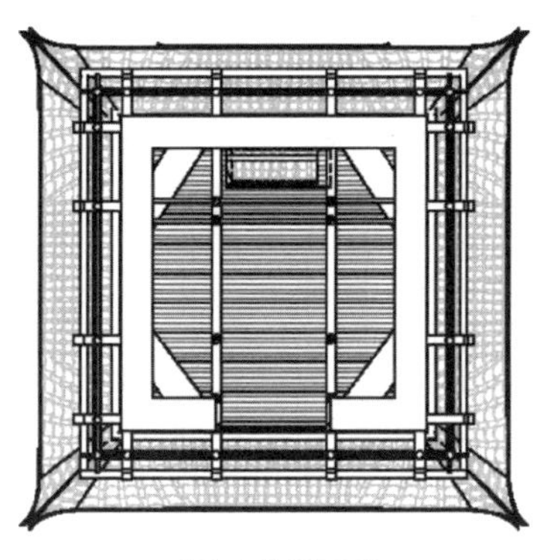

三层天花板平面

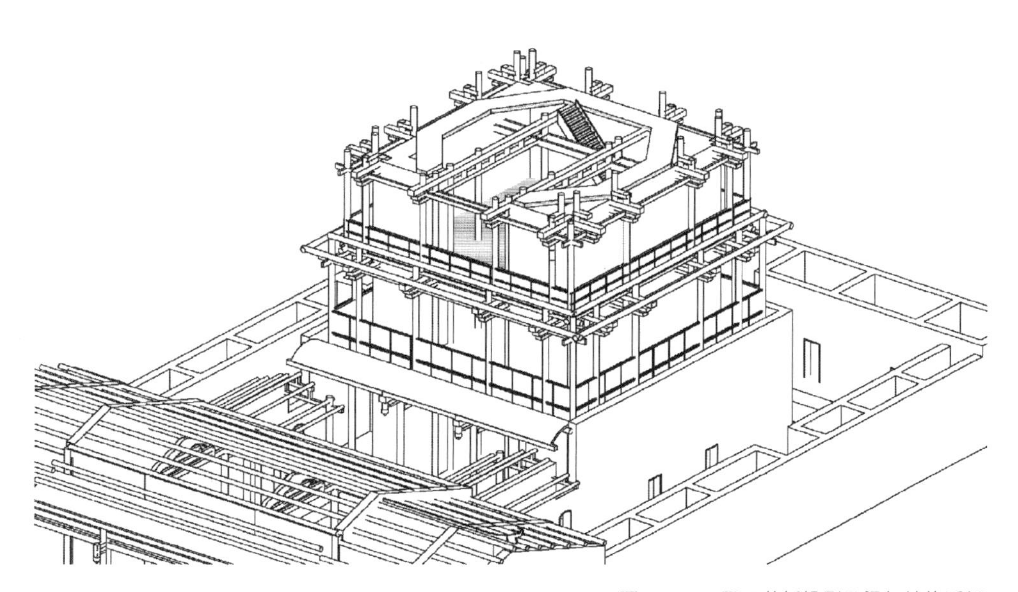

图 6-9　三层天花板投影及梁架结构透视

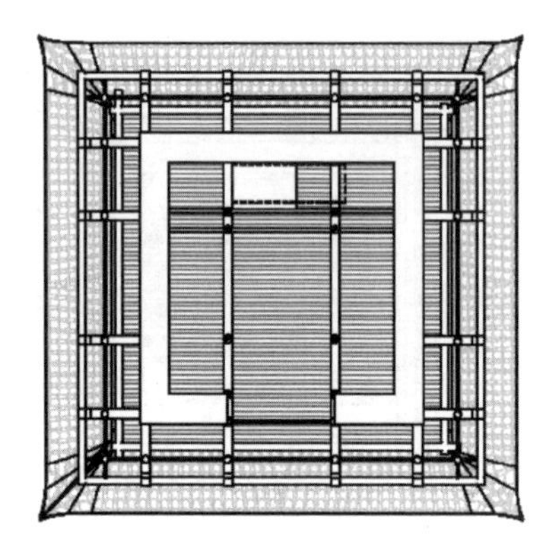

二层天花板平面

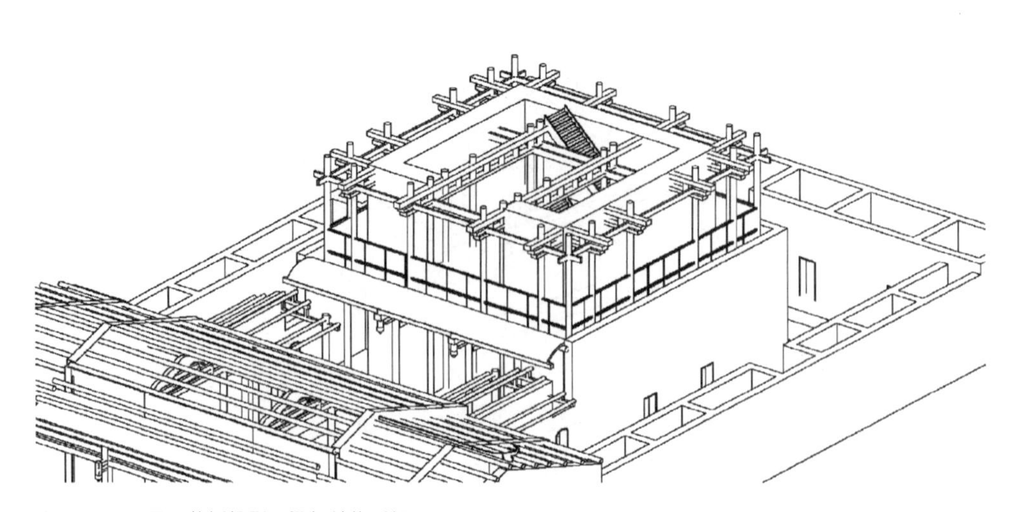

图 6—10　二层天花板投影及梁架结构透视

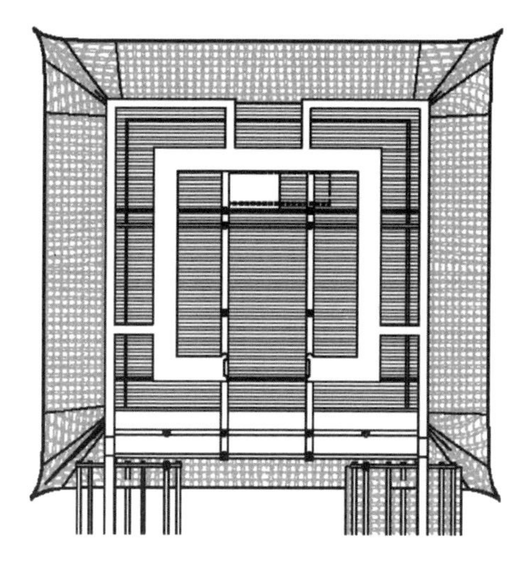

一层天花板平面

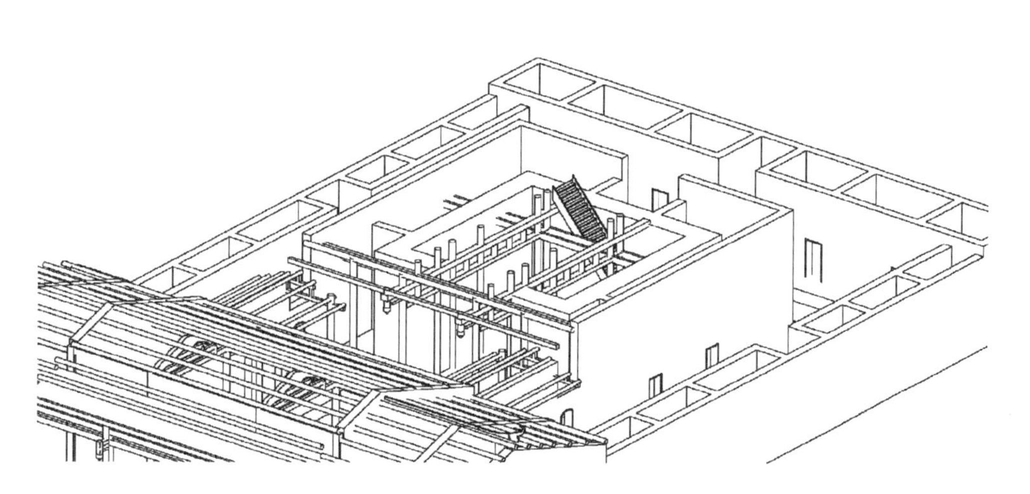

图 6–11　一层天花板投影及梁架结构透视

楼阁是一层以上的建筑，结构上第一个要解决的问题是“层与层的连接关系”，同时，也是为了满足造型上层层内收的稳定感和高耸感。结构的第二个大问题就是“上下层的平面变化”，针对这两个问题，不同类型客家楼阁处理的方法不同，土木结合的方式也不同。我们将以所见的上杭县中都云霄阁、蛟洋文昌阁和永定县北山关帝庙为例，以“下土上木”“以土为主”“外土内木”的三种客家楼阁建筑的土木结合方式来逐一介绍客家楼阁建造的典型做法。

7 “下土上木”的土木结合构造

——上杭县中都云霄阁

云霄阁位于中都乡田背村水口，始建于明嘉靖年间，明万历二十年（1592 年）、清乾隆三十五年（1770 年）重修。土木结构建筑，前后两进院落，大门由前院侧面开，正面沿轴线依次是前院、上殿、天井、下殿。下殿第二层屋顶突起八角形塔式楼阁，从而形成下部方形上部八角形的塔式楼阁，如图 7−1 所示。楼阁高 20 余米，外观六层，第六层不能登临；三层及以下是土木结构，三层以上是穿斗式木结构楼阁。这种构造特点是客家“塔式楼阁”的典型，即下部方形，上部八角形，如图 7−2 所示。

图 7−1　上杭中都云霄阁草模及鸟瞰照片

图 7-2　云霄阁结构模型

云霄阁最具特点的构造是：下部是平面方形的夯土结构，上部是平面八角形的木楼阁，这种平面转化通过在二层正厅四角搭 45°的厚木板，如图 7-3 所示，木板的两端搭在夯土墙上，由四条木板和四条夯土外墙形成第三层夯土墙的正八角形“基础”。木板两端的直角伸出墙外，被第二层的庑殿屋顶所掩盖。

云霄阁上部的木楼阁采用穿斗式木框架结构（图 7-4），不同于夯土墙层与层之间的“累叠”关系，而是通过梁架的组合形成整体的楼阁空间框架，做法如下：首先，依据楼阁的层数、造型等，搭成四个“门”字形梁架框，每个框架中轴对称。然后，四个框架分成两组，每组两个框架以对称轴为中轴十字相交，得到两个平面为“十”字形的立体梁架。最后，把两组立体梁架的中轴重叠，形成平面八角形的木楼阁框架。实际情况中，在云霄阁的木楼阁顶层梁架间分布着很多错综相交的斜撑，其分布、用料没有规律，大概都是与梁架相交构成三角形来增加结构的稳定性，像是在楼阁设计完毕后根据实际情况的需要加设的。

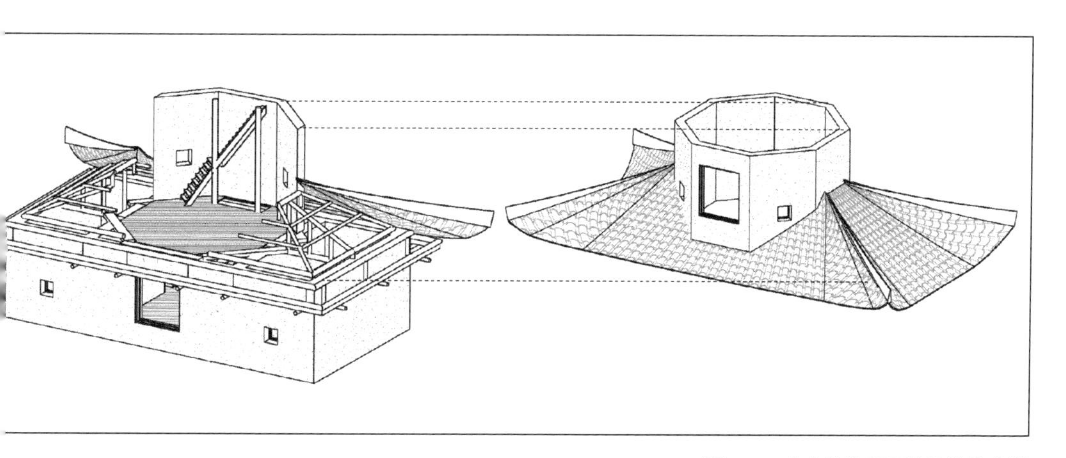

图 7-3　夯土结构平面转换结构分析

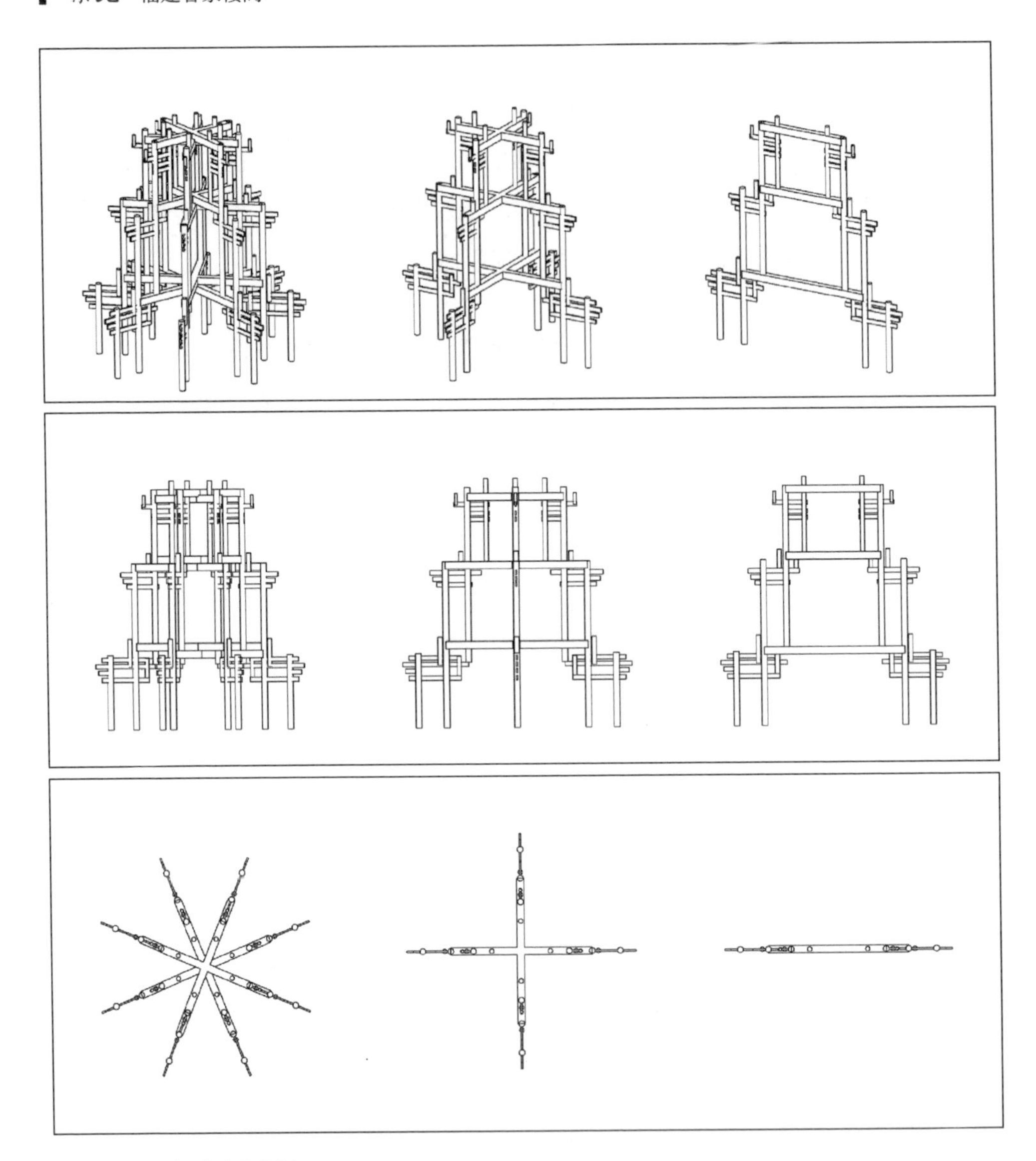

图 7-4　云霄阁木结构分析

木楼阁部分的第一层是整个楼阁的第四层，柱子有内、外两圈。外圈柱抵住夯土墙内侧，内圈柱一直升到上层变为上层的外圈柱，同时上层也在内圈增加一圈柱，升至楼阁三层，这样上下连接、层层内收，最终形成楼阁立面上的“塔式”效果，这也是塔式楼阁创造收分效果的常见做法，如图 7-5 所示。

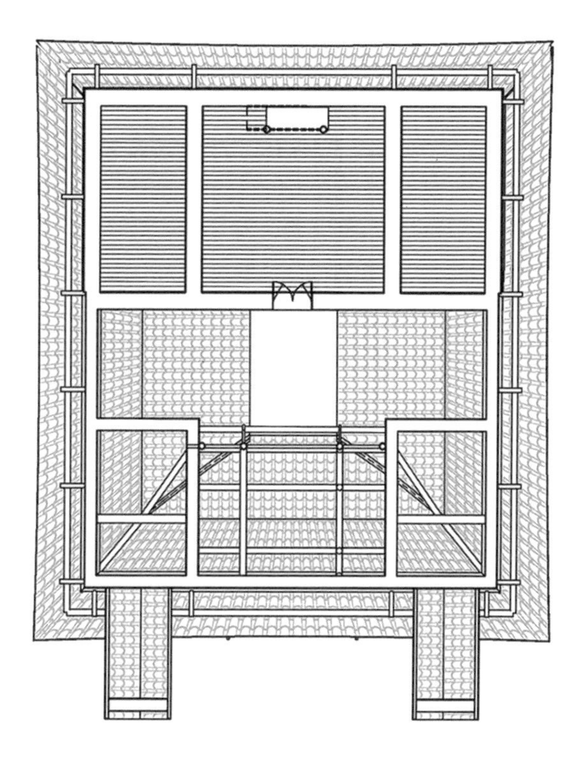

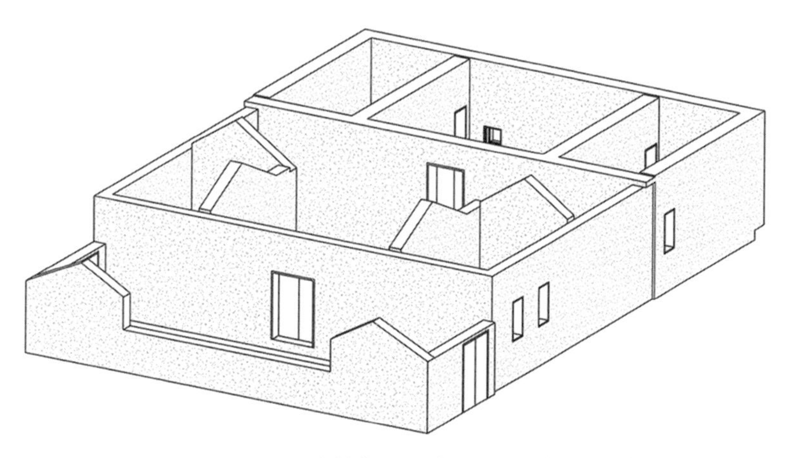

图 7−5 上杭中都云霄阁分层分解模型及天花平面图（一）

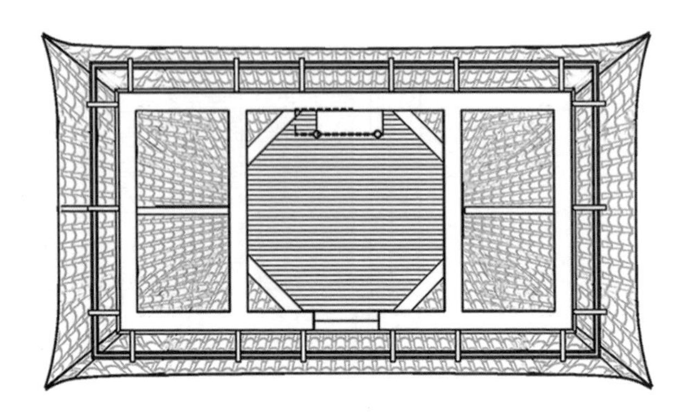

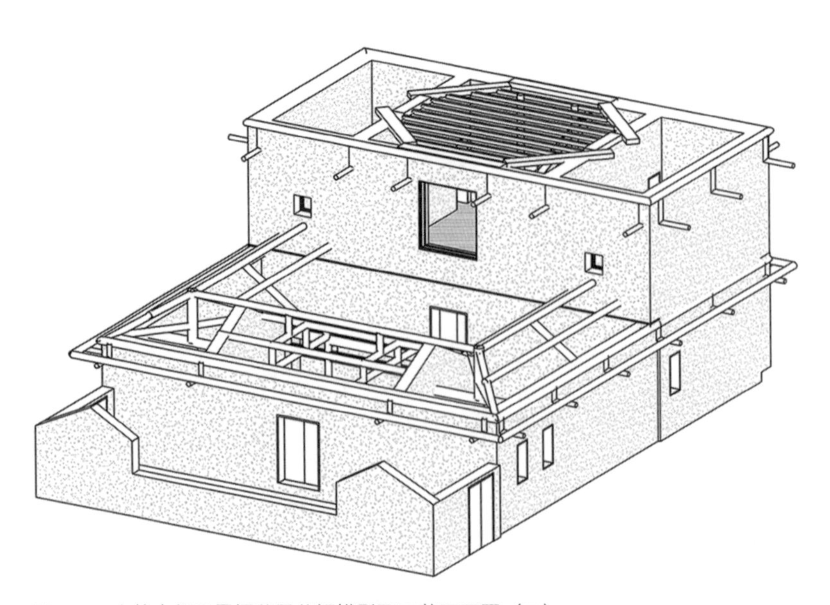

图 7–5　上杭中都云霄阁分层分解模型及天花平面图（二）

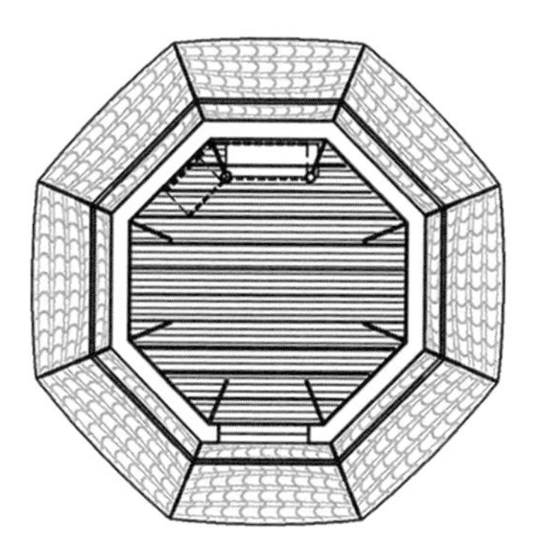

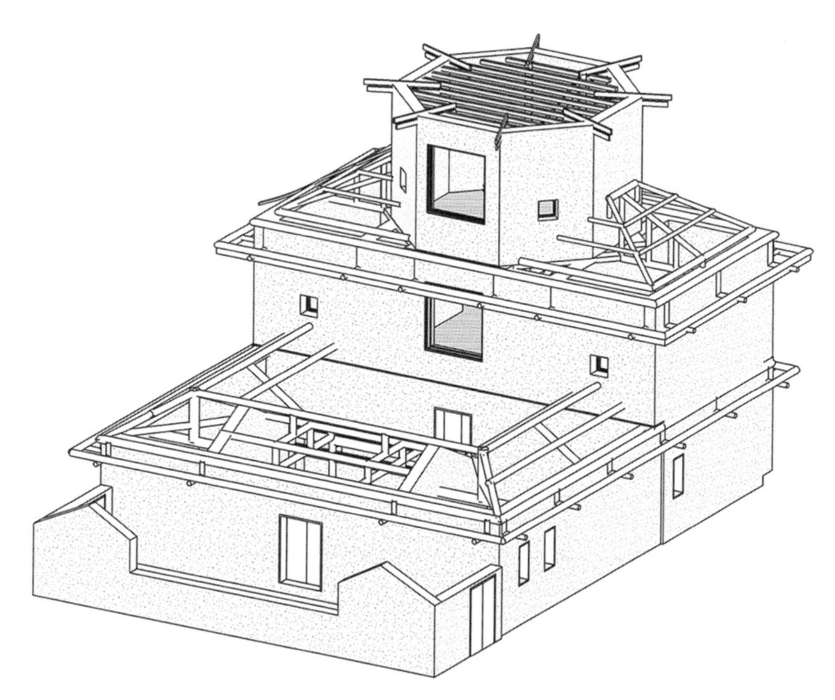

图 7-5　上杭中都云霄阁分层分解模型及天花平面图（三）

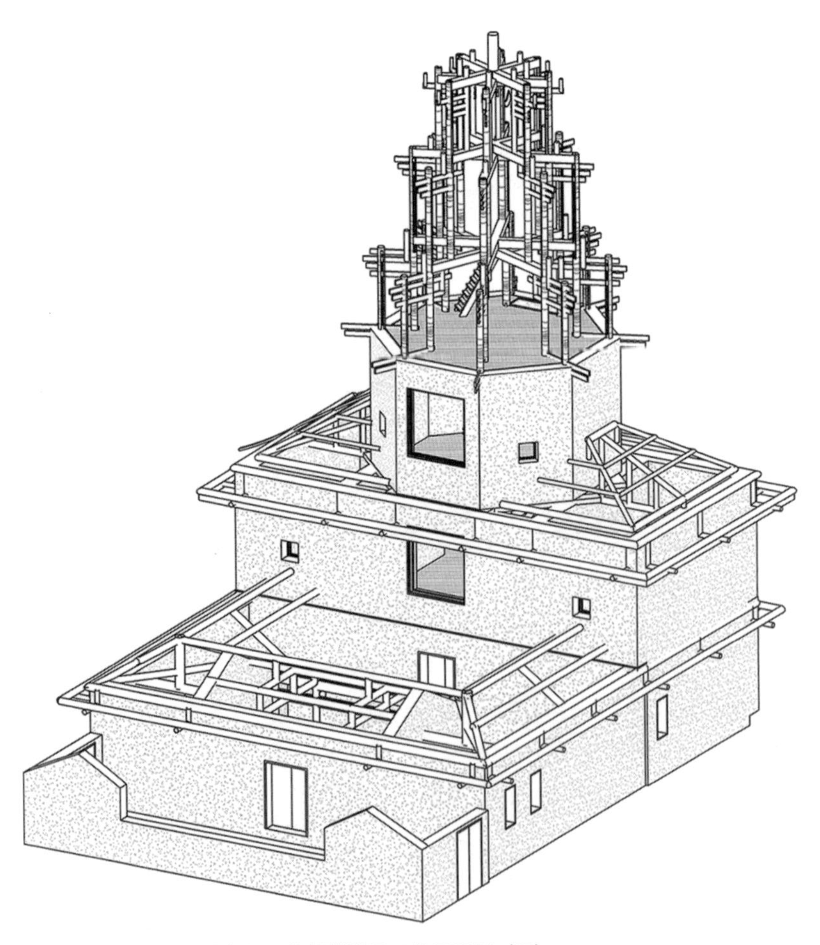

图 7-5　上杭中都云霄阁分层分解模型及天花平面图（四）

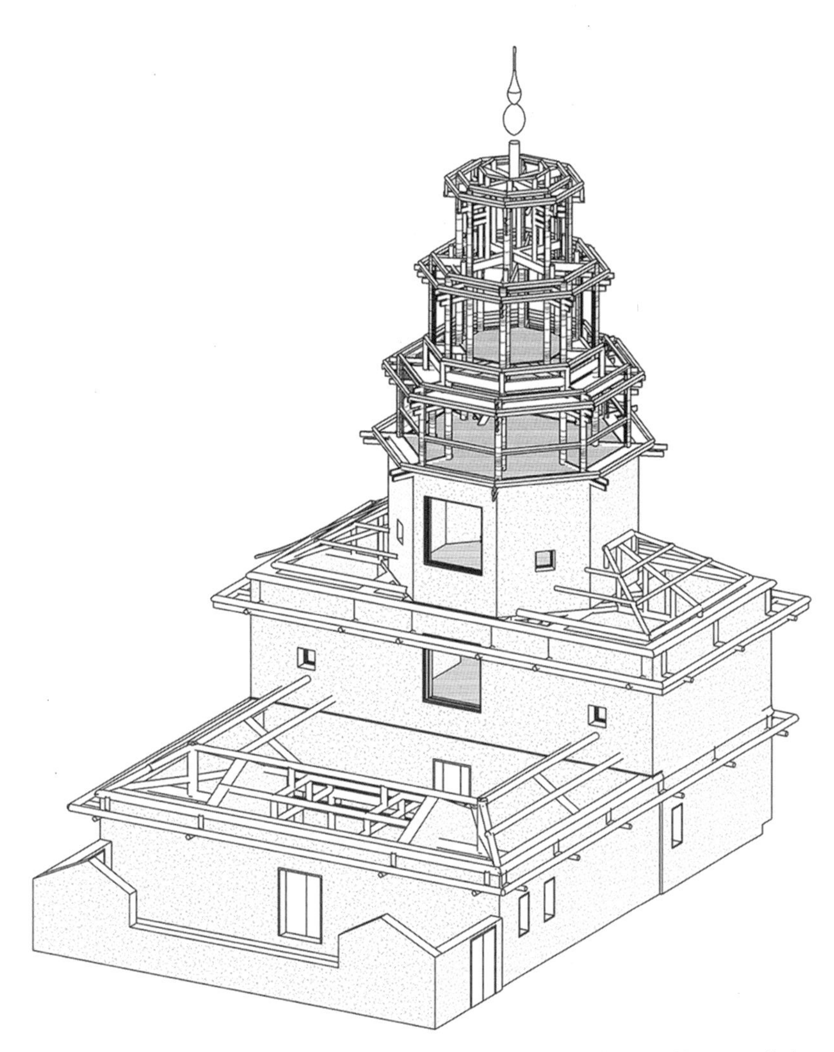

图 7-5 上杭中都云霄阁分层分解模型及天花平面图（五）

综上，塔式楼阁采用夯土结构与穿斗式木构架的相互配合来解决“楼阁建筑层与层的连接”和“楼阁平面形式转换”两大问题。值得一提的是，云霄阁结构体系可分为上下两部分：下部以夯土结构为主，木结构为辅；上部为穿斗式全木结构。下部以夯土为主，部分采用“层累层”的横向层受力体系；上部木楼阁部分结构则以立体的木构框架为整体，层与层之间采用通柱连接，受力变成框架受力。两种结构逻辑的有效结合是这种“下土上木”型客家楼阁的主要特点。

8 “以土为主”的土木结合构造

——永定北山关帝庙

北山关帝庙（图 8–1）始建于明万历八年（1580 年），初为亭式庙宇，清康熙三年（1664 年）重修扩建。前后两进式院落，土木结构，其右侧有一进小院是吴公庵（图 8–2）。北山关帝庙体现了客家“多神合祀”的特点，是典型的殿阁式楼阁。

8–1 | 8–2

图 8–1　北山关帝庙

图 8–2　北山关帝庙及吴公庵

图 8–3 为北山关帝庙的土、木结构分析草模，图中北山关帝庙的布局是，庙门开在中轴线上，沿轴线分别布置前厅、天井、拜亭、正殿、后天井、辅助用房。楼阁位于正殿明间，外观四层，高 18 余米。

正殿一层的明间为供奉关帝的正厅，层高为6m，与外圈高二层的生活用房同高。从土木结构变化部分可以看出，正厅两侧依次为通往正厅二层的楼梯、通往后院的通廊、高二层的生活用房。如图8-4所示，通廊使正殿分成了内外两部分，功能上保证了祭祀活动与日常生活互不交叉，各自独立。这与殿阁型木楼阁构架中“金厢斗底槽”的分槽方式有着相似的作用。

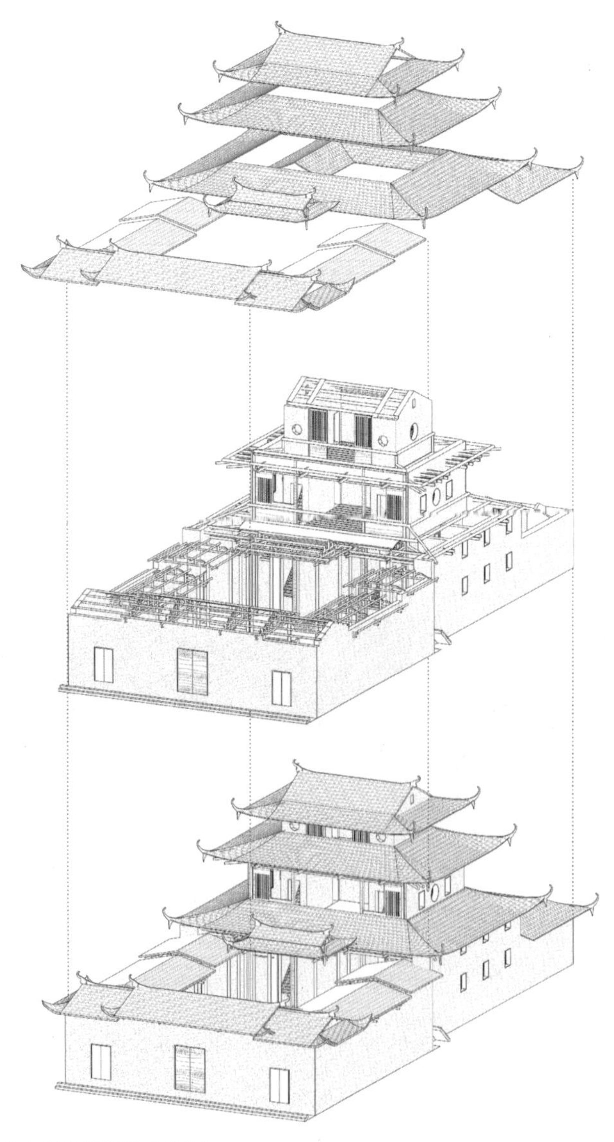

图8-3　北山关帝庙结构分解图

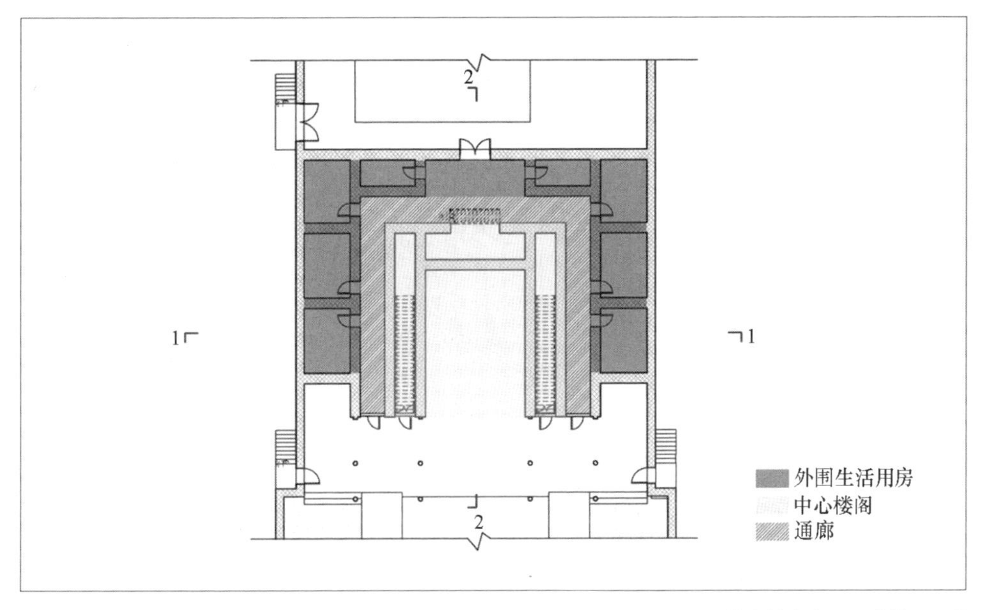

图 8-4 北山关帝庙平面分槽平面图

如图 8-5 所示，殿阁式客家楼阁的夯土墙往往是主要承重结构，木结构为辅。各层平面都为方形，但是逐层做“减法”，即下层平面减去外围房屋等于上层平面。这种手法在夯土结构建筑中并不难理解，因为夯土建筑是累叠而成的，也就是说“行墙必有根”，没有“根”是不可能悬空行墙的，所以单靠夯土结构不会有悬挑架空这种构造，而在闽西客家楼阁中，这一特征的体现就是楼阁夯土层平面，各层做减法，形成立面收分的楼阁建筑形象。这种特点在剖面上可以一目了然，即“层层跌落”，最内层的土墙最高，由内到外逐层降低。

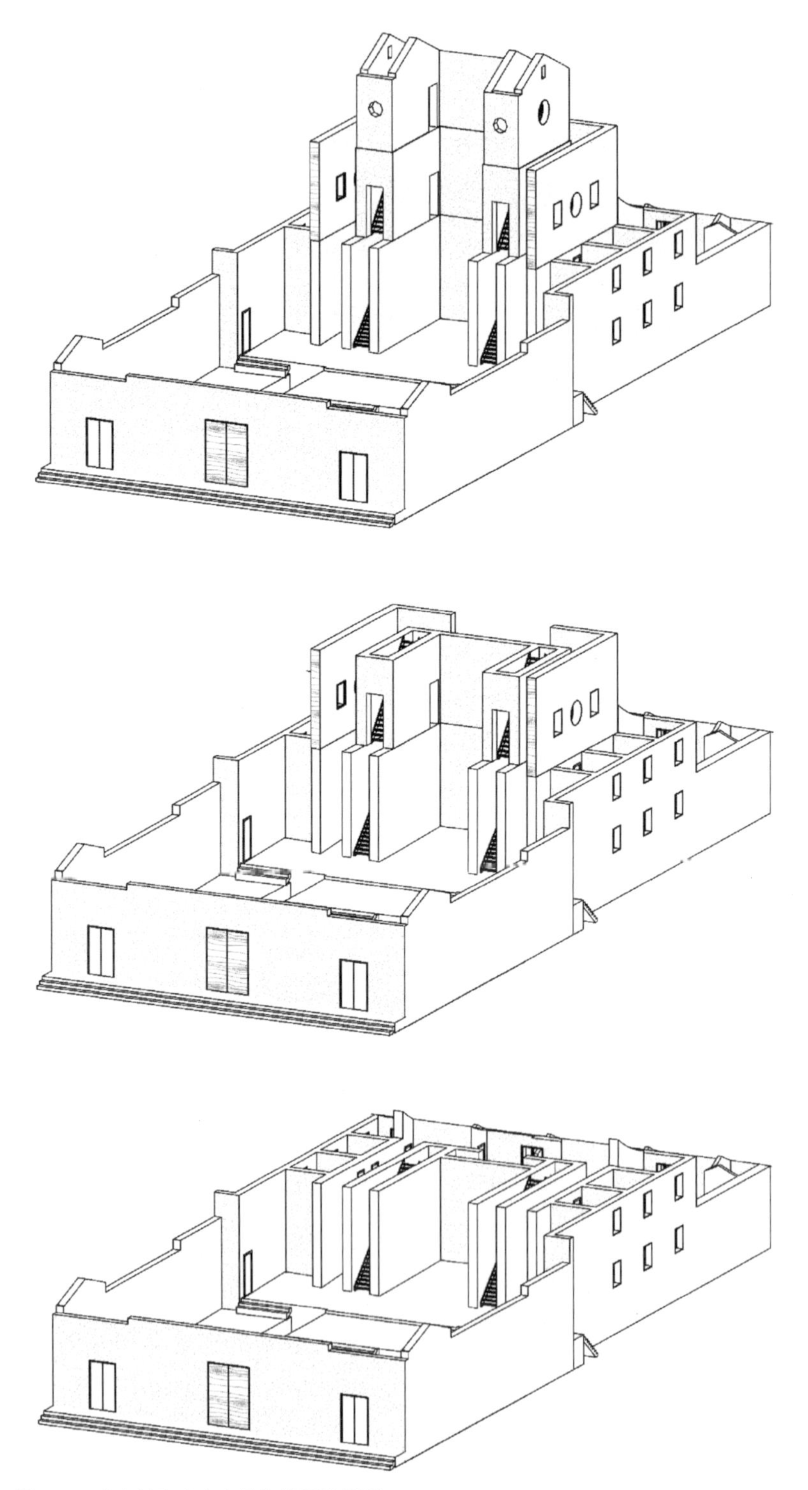

图 8-5　北山关帝庙夯土结构分层分析图

以上是“平面逐层缩小”的问题，而“层与层的连接问题”在以土为主要承重结构的楼阁中也非常明确，即夯土墙的“累叠”关系。夯筑增高，就是从地面升起的夯土墙直达屋顶，木柱基本不担当承重结构。

综上所述，这类楼阁的承重结构没有错位和搭接，结构受力在竖向上比“塔式”楼阁更清晰简明，也更能代表夯土结构的特点，是“以土为主”的土木结合构造。

9 “外土内木”的土木结合构造

——上杭蛟洋文昌阁

上杭蛟洋文昌阁位于蛟洋乡蛟洋村（图 9–1），于清乾隆六年（1741 年）始建，十九年后竣工，为土、砖、木结构的塔式楼阁，外观六层，高 20 余米。一进式院落，楼阁位于院落中心，坐落于 1.3m 高的台基上，台基的两侧和后侧有两层高的生活用房。院落左侧为天后宫，右侧为五谷殿，这符合客家“多神合祀”的特点。

图 9–1　蛟洋文昌阁

蛟洋文昌阁的结构与云霄阁和北山关帝庙不同，结构体系可分为内外两个系统。外系统是指夯土和砖砌外墙，内系统是指木结构框架。两个系统紧密结合，如图 9-2 所示。

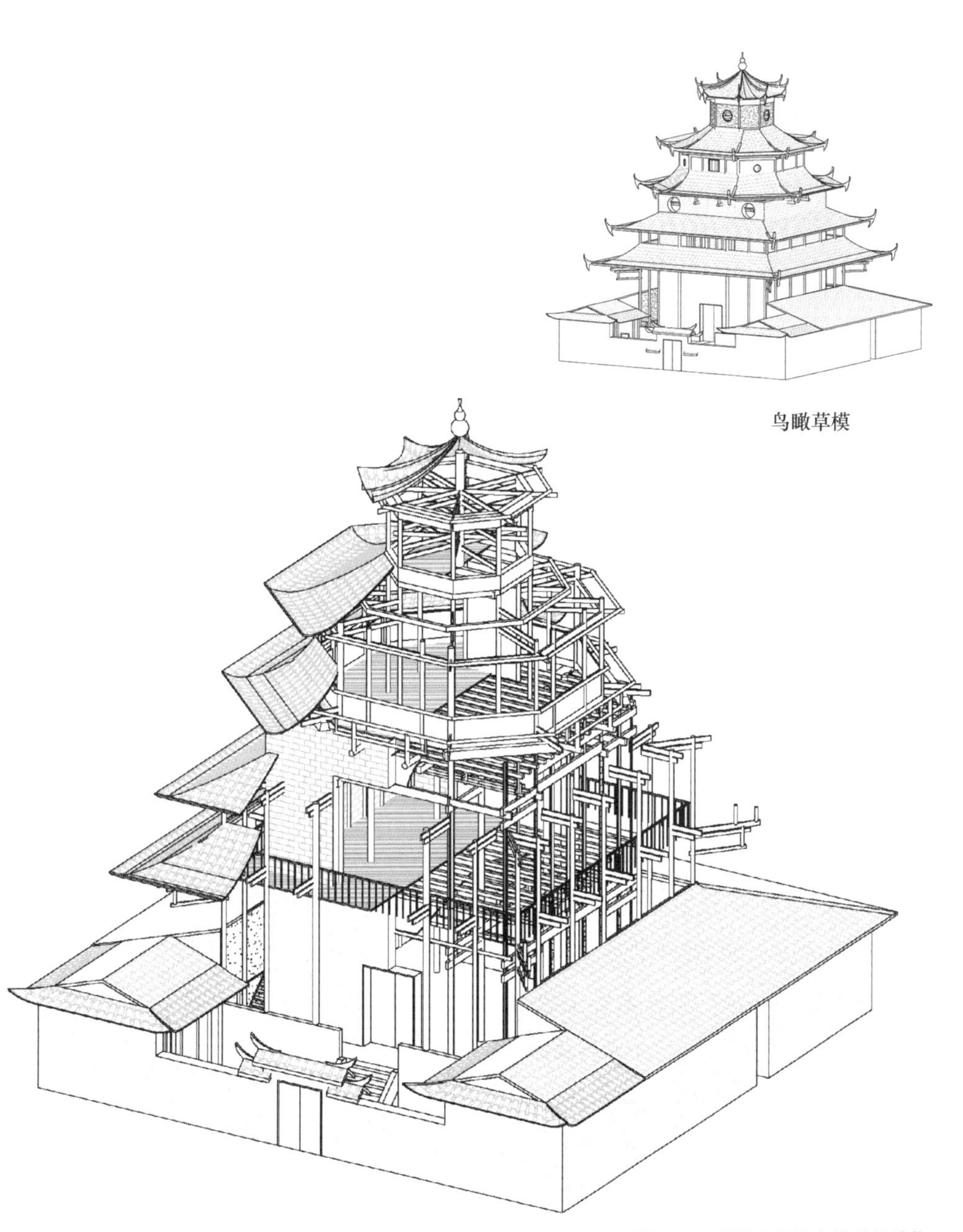

图 9-2　蛟洋文昌阁内外系统结构

外系统有两层：一层为夯土墙，二层为砖墙，平面方形，楼阁首层外有一圈围屋，第二层外有一圈木围廊。内系统的木构架系统是在三层显露出来，从外立面上看，文昌阁三层以上是个木楼阁。另外，楼阁平面的一层和二层为方形平面，三层平面开始变为八角形，也就是说，蛟洋文昌阁也是具有平面形状转变特点的客家楼阁。

楼阁看起来有六层，但实际上是三层，是因为：第一，整个砖砌第二层在立面上出两层檐，下层是方形挑檐，是围廊的顶棚，上层是八角形飞檐，遮盖住了楼阁平面转换结构；第二，塔顶的“伞”形结构实际没有使用空间，但是出两层檐。

方形挑檐上层的八角形飞檐是楼阁的转折部分，过渡了一层、二层的承重墙和三层以上的木楼阁，楼阁平面从四边形转变成八边形并且上部不再是土木结合而是木结构楼阁。这层飞檐的构造是通过短悬臂和梁与主结构连接受力，飞檐的八个支点是由在四个墙角呈 45° 搁置四根大梁形成的，类似于云霄阁的二层和三层的转换。大梁一方面挑出支撑八角形飞檐的短悬臂，同时在楼阁内部顺应平面的变化与八根木柱连接，承担并压住上部的木结构楼阁（图 9–3 和 9–4）。

与外部结构相呼应的，内系统的木结构也可以分为上下两部分（图 9–5）：下部是第一、二层的穿斗式木结构，木柱直接嵌入夯土和砖墙中；上部是由梁柱形成的框架式八角形木楼阁。“平面形式的转换”是在第二层八角形飞檐的位置，方法是通过一个“井”字梁系统，一方面拉结柱子承接楼板，另一方面充当上部结构的“基础”部分，让框架式楼阁的内外两圈柱子都落在梁与梁的交点上，使上部八角形木楼阁的重量均匀地传递给内系统下部的四根通柱和外系统的承重外墙。“层与层的连接”主要通过贯穿各层的木结构连接整体。

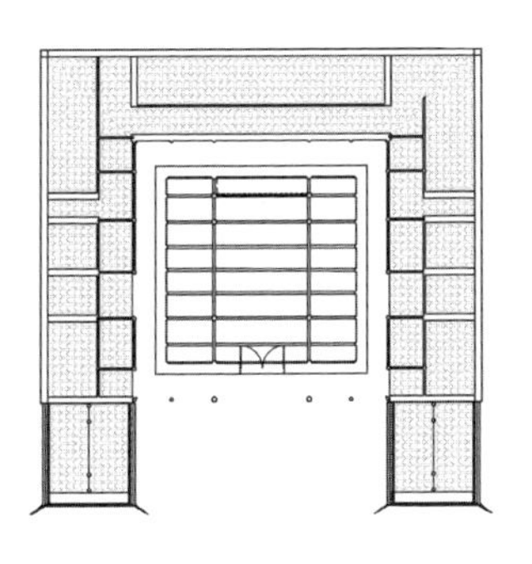

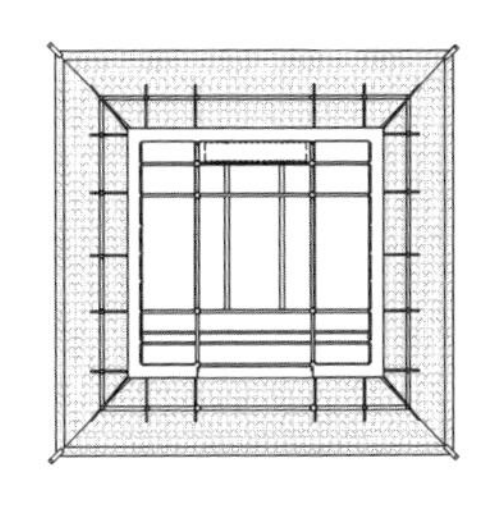

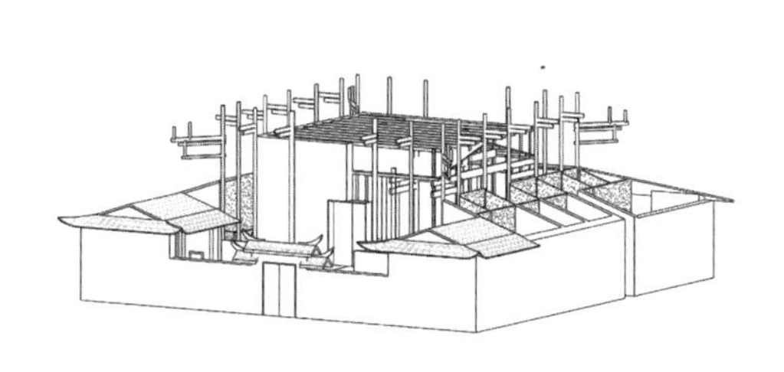

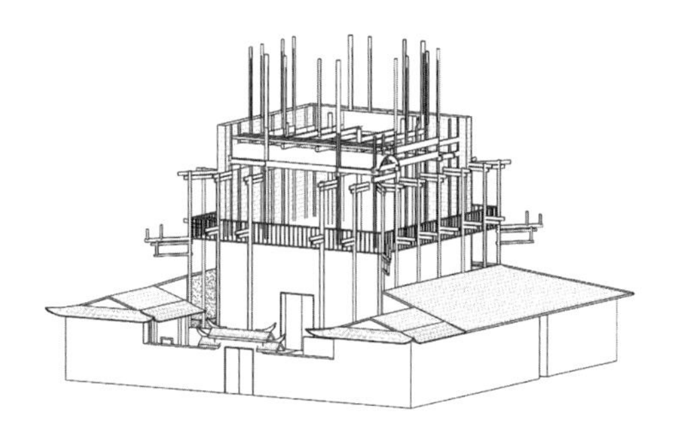

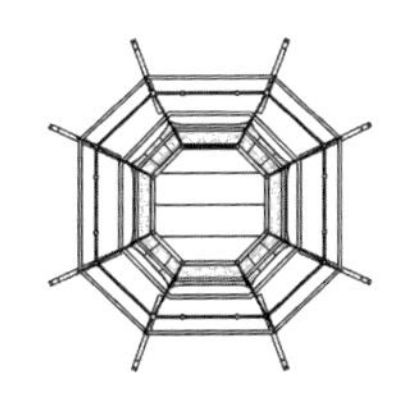

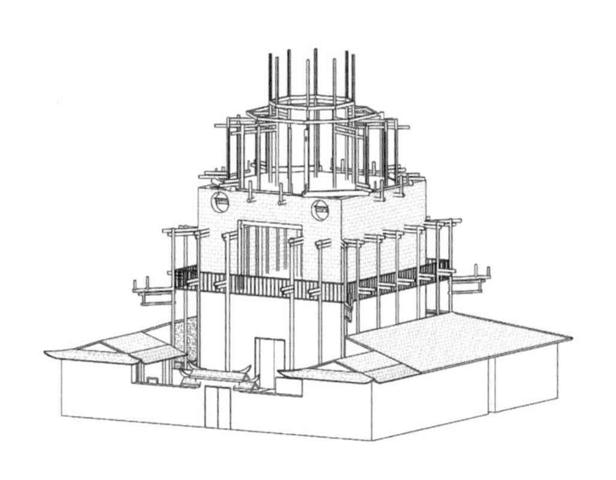

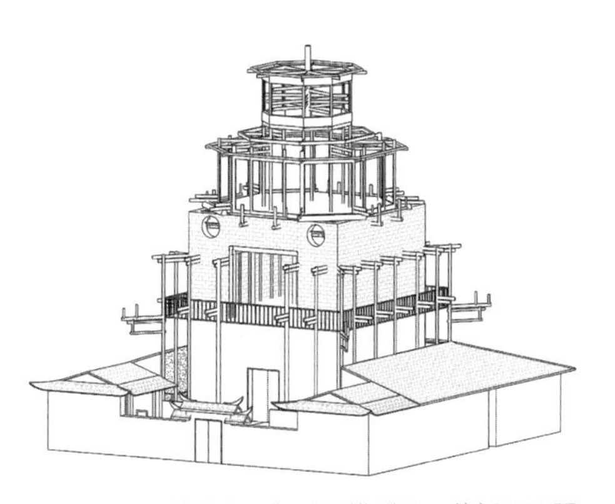

图 9-3 蛟洋文昌阁分层模型及天花板平面图

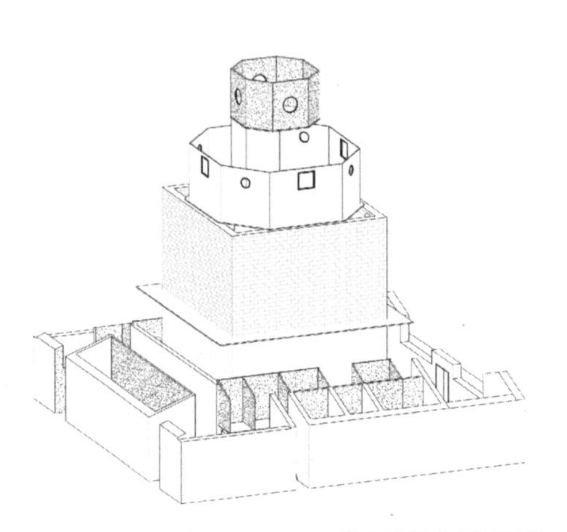

生土结构和围墙结构

屋檐部分

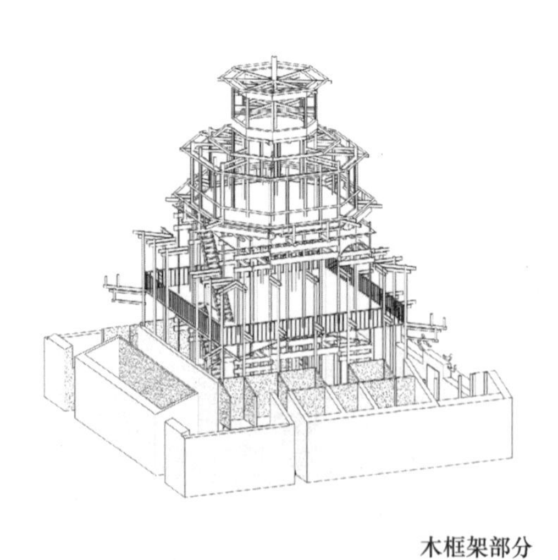

木框架部分

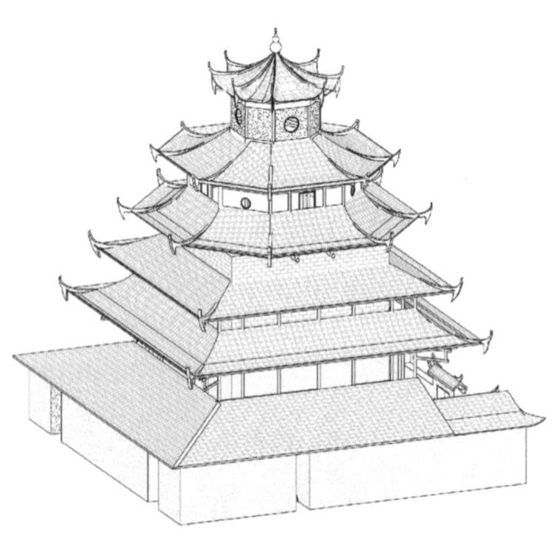

文昌阁鸟瞰模型

图 9-4　蛟洋文昌阁内外系统分解模型

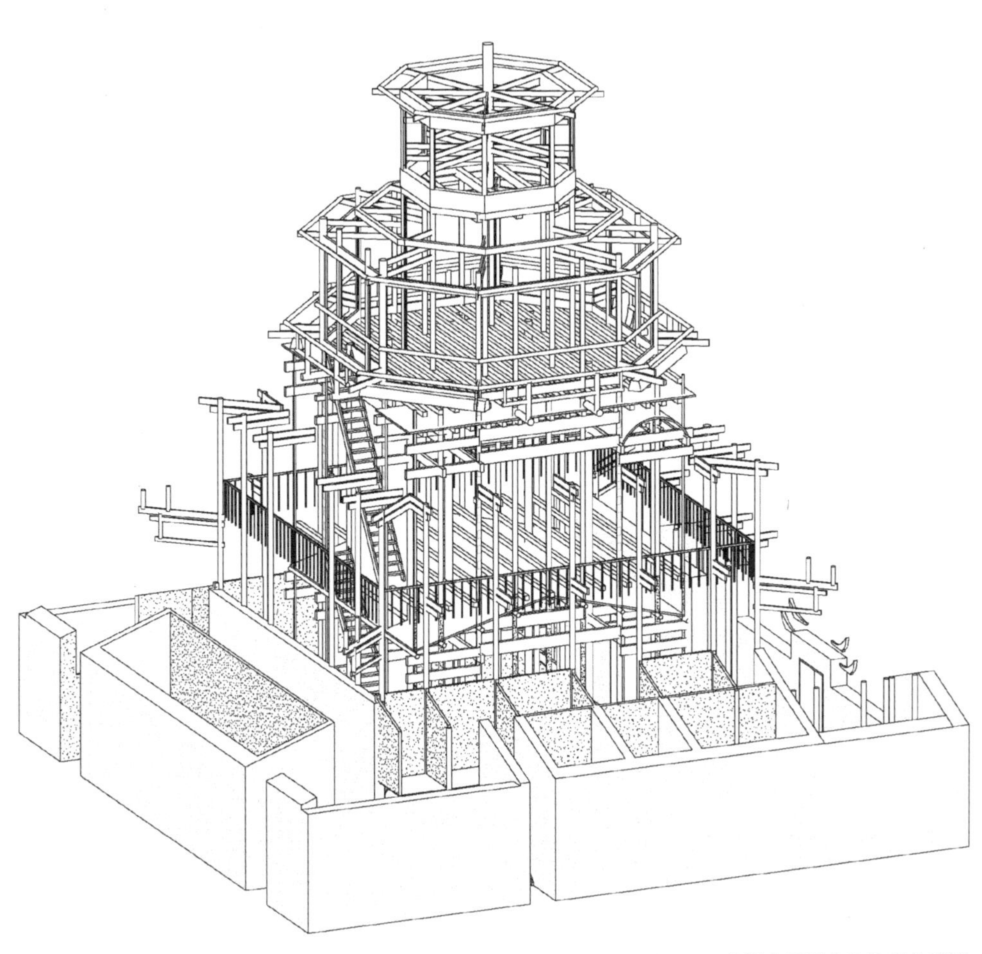

图 9-5　蛟洋文昌阁木结构部分模型

蛟洋文昌阁第三层以上的八角形木楼阁结构与云霄阁上部的八角木楼阁有所不同：此楼阁底层是由八榀木梁架围绕八角形天花板呈辐射状展开，八根外檐柱与下层外墙位置相对，八根内柱为第四层的外檐柱。第四层及以上不能登临，跟西陂天后宫一样，是以一根中心杉木柱作为核心，向四周发散开的悬臂梁构成“伞”形结构，中心木柱落在三层天花板上。这种“伞”形结构构成楼阁的攒尖顶，在闽西客家地区的塔式楼阁建筑的顶部经常使用这种方式。

由此可见，蛟洋文昌阁的内外两个结构系统即为其“土木结合”的核心：外部结构的受力以水平承力层的形式层层叠加，内部框架结构使纵向紧密相连，同时内外结构紧密结合，从而使竖向、横向受力立体交叉，与前两种土木结合方式相比，可归结为“外土内木”型客家楼阁。

“下土上木”“以土为主”“外土内木”三种土木结合的楼阁展现了客家楼阁的结构体系在不同环境条件和造型方面的灵活处理方法。追其根源，其中心构筑思想来自于两种：第一，夯土结构中“累叠”的思想；第二，穿斗式木结构的运用。在这两种思想的共同影响下，使夯土结构与木结构共同配合，根据不同的造型特点而演变出丰富的构造形式，形成楼阁建筑的主体结构。

众多的土木结合客家楼阁到今天依然存在，楼阁结构的合理性和稳定性已经无须多言。客家楼阁的土木结合结构极具特色，内容丰富，有很高的研究价值。

10 闽西客家楼阁的装饰文化

装饰，是指“依附于某一主体的附加的装饰品，通常会由绘画或者雕刻工艺组成，其作用在于使被装饰的主体具有合乎其功利目的的美感形式。”《中国大百科全书·美术》中做以上释义。对建筑而言，建筑装饰也是建筑非常重要的组成部分，一方面可以更直接地表达建筑的美感和艺术性，另一方面也可以保护主体结构稳定，改善建筑使用性能，延长建筑使用寿命。对于传统建筑来说，其装饰往往反映着一定区域相应的传统精神文化，包含了本地区的特有工艺和技术，就地取材，因地制宜。从而，不同的文化区域经过不断的文化交流碰撞，最终会形成稳定并且具有自己代表性特征的建筑装饰手法。

正因为装饰是一种精神文化的载体，而精神文化是没有硬性的界限的，所以了解建筑装饰时应考虑建筑精神文化的特征以及不同建筑精神文化的相互影响和联系。闽西地区所在的地理位置（图 10–1），使得闽西客家文化受到内陆地区的赣南客家文化与粤北客家文化和沿海地区的闽南文化与潮汕文化的双方面影响，一方代表客家的民系文化，一方代表海外文化与中原文化交融的产物。在研究闽西客家楼阁建筑的建筑装饰时，福建闽南地区、赣南客家地区以及广东潮汕地区的建筑装饰技艺很有参考意义。

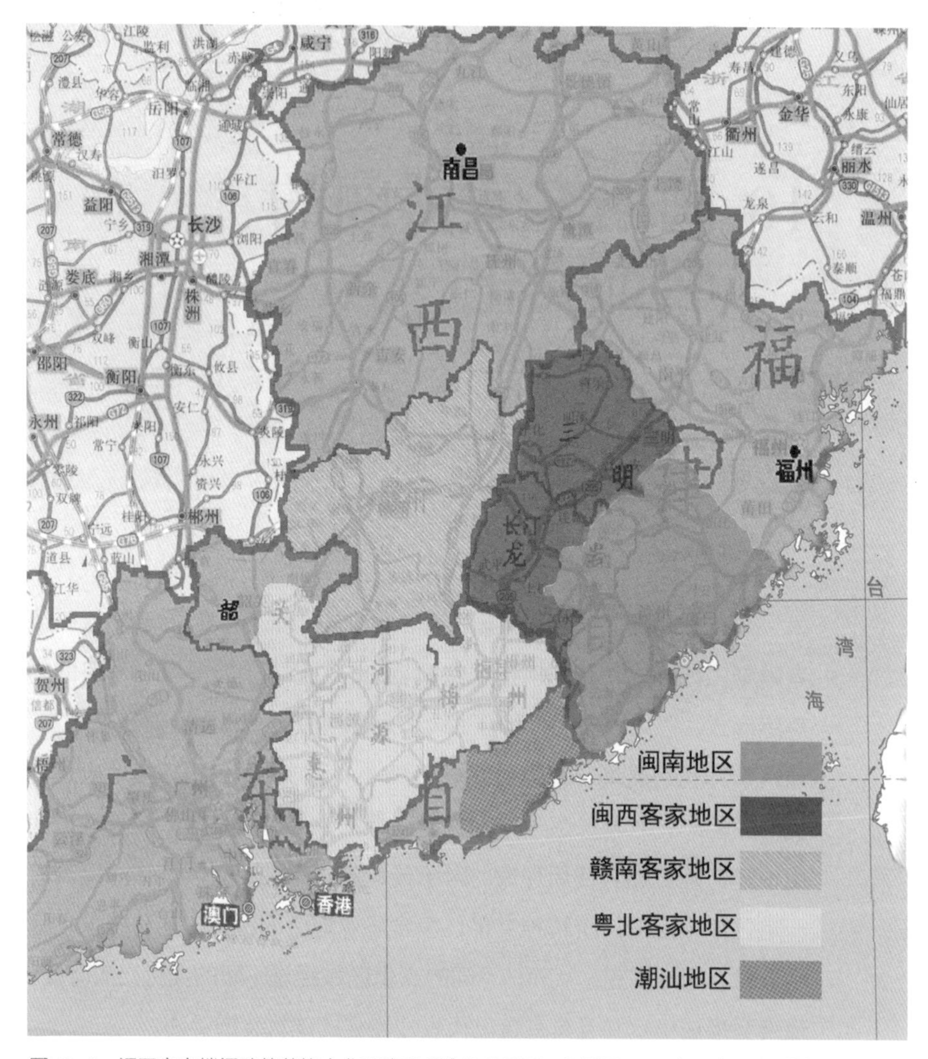

图 10-1　闽西客家楼阁建筑装饰文化研究分区 [参考地图，审图号：GS（2016）1612 号]

10.1 影响闽西客家地区建筑装饰文化的建筑文化——福建地区、闽南地区、赣南地区、潮汕地区

1．福建地区建筑装饰文化概述

建筑装饰要从建筑出发，而建筑要从建筑材料出发。福建地区建筑的材料基本分为土、木、砖、石材四种，因材施艺，装饰工艺有石雕、木雕、砖雕、泥塑、彩绘等，如图 10-2 所示。

图 10−2　福建民居

福建的石雕是最负盛名的民间工艺之一，其发展历史可以追溯至东晋时期，至今已有上千年的历史。建筑上使用的石雕，从工艺上分有圆雕、浮雕、沉雕、线雕、影雕等，内容题材则涵盖花鸟鱼虫、飞禽走兽、历史故事、山水风景、民间传说等。由于石材的质地坚硬，耐磨防潮，因此多用于建筑中易受潮和需受力的部位，比如柱础、石柱、台基等，当然有些精美的石雕雕塑并不作为建筑中的构件，完全是出于装饰或者布局需要而分布于建筑中，如图 10−3 所示。

图 10−3　福建地区传统建筑石雕装饰

杉木是福建主要盛产的林木，结构性能良好并且方便施工和加工，因此杉木广泛应用于福建的建筑材料中。又因木材质地松软，木雕装饰则大为盛行，木雕不仅仅是简单的装饰，一些梁架、托架、雀替、隔扇等位置，将木雕装饰与结构收头、衔接相结合，利用一些复杂的木材雕饰来处理建筑细部的衔接，一举两得。木雕的加工工艺种类繁多，结合不同的结构需要和装饰题材，使木雕成为一种可塑性强、实用性广、艺术性强的建筑装饰手法，如图 10–4 所示。在福建一些民居中因主人家为了炫耀财富，不乏很多木雕装饰极其精细近乎繁缛，但同时也不禁感叹木雕工匠的工艺水平之高。

砖雕是模仿石雕而来，内容题材丰富。受到江西徽派建筑砖雕技艺和广东砖雕技艺的影响，闽北地区的砖雕艺术水平很高，闽西南的客家地区也一定程度地汲取，但是受到建筑材料的限制，相比木雕和石雕，砖雕数量上相对较少，如图 10–5 所示。

泥塑在闽南地区使用较多，是利用灰泥材料在现场施工完成的，造型丰富逼真，炫目多彩，装饰部位多在屋脊以及墙头，分浮雕、圆雕等多种形式，如图 10–6 所示。

图 10–4　福建地区传统建筑木雕装饰

图 10–5　福建地区传统建筑砖雕装饰

图 10–6　福建地区传统建筑泥塑装饰

2．闽南地区的建筑装饰文化概述

闽南地区是指厦门、漳州、泉州为中心的地区，其中龙岩市的非客家县地区也被当作闽南文化片区，其划分依据是语言、文化、风俗的不同。从福建省的版图中可以看出，闽南地区与闽西地区紧紧相邻，历史上两地的人口、经济、文化等方面的交流和发展是密不可分的，在建筑方面，彼此的影响也不容小觑。建筑装饰本身是建筑文化的载体，研究闽西楼阁建筑装饰则不得不了解闽南建筑文化装饰的特征，如图 10–7 所示。

图 10–7　闽南传统建筑

闽南地区的建筑因为大量使用当地一种特有的红砖材料而被称作“红砖文化区”，这种红砖是采用稻田的泥土加入松枝烧制而成，烧好的砖呈红色并带有不规则的深色条纹，房子用红砖砌筑则有一种大气又稳重的气质。

有学者指出，泉州港作为历史上海上丝绸之路的起点，与海外文化交流频繁，因此，闽南地区建筑文化受到海洋文化影响痕迹颇重，吸收西方宗教文化以及装饰手法比较多，闽南建筑文化就在这样的外来文化影响下形成了现在的，以本土“汉”文化为核心并且融合西方宗教色彩的特色建筑文化。在闽南地区街道两侧所常见的“洋楼”就是一种受到中西建筑文化相结合产生的一种建筑类型，是归国的海外华侨融合所居住地的建筑形式所建造的。闽南地区与海外交流频繁，总结福建文化分区中闽南地区的特点就是“中西合璧”。

在建筑装饰上，红砖砌筑为主的闽南建筑可归纳为以下几个特征：

①“出砖入石”。这是一种砖石混砌的手法，白色的石材与红色的砖材形成质地、颜色以及明度的对比，“线”型的砖缝与“点”型、“面”型的石块组合构成整体立面上的韵律感。

② 砖墙清水勾缝。规则的砖缝与不规则的石材砌缝相对比。

③ 墙面砌成花样。采用花样砌筑砖墙大大调节了单调的砖砌墙面，直接起到了装饰墙面的作用。砖砌筑图案用来装饰墙面的做法属于是伊斯兰建筑中传统的装饰手法。

④ 燕尾脊。燕尾脊是指建筑正脊两端的线脚向外延伸并且分叉，其曲线中间凹陷两边翘起，如燕尾一般优美，因此而得名。

⑤ 在山墙部分用泥塑或者瓷片贴的纹花来装饰。内容有从简单的花式图案到复杂的花式，从花鸟鱼虫再到历史典故，丰富多样，寄托驱邪纳吉或者教育子孙的美好愿望。不得不提的是山墙的“五行象征”手法，在漳州地区民居中比较多见，分别有金、木、水、火、土五种形式的山墙头处理方式，房屋的不同部分选择什么样的形式有相生相克的说法，并且与屋主的生辰和房屋的风水都有关联，十分有趣。虽说中国古代的风水学包含一些迷信色彩，在当今社会不予提倡，但是其中一些符合环境、适用、美观的建筑营造手法也给我们留下了一批传统色彩浓厚又生动的建筑形象，如图 10-8 所示。

图 10-8　闽南传统建筑装饰

⑥ 屋顶的装饰。比如在瓦当、滴水、勾头、屋脊等部位装饰泥塑。泥塑是根据所需形态塑造相应的泥胎，经过烧制加工成为陶制品或者琉璃制品，然后安装在建筑的屋顶上，比如闽南的寺庙建筑中会在正脊或垂脊上装饰仙人走兽。应该说这种屋顶装饰的手法沿袭了中国传统建筑文化特征。

3．赣南地区建筑装饰文化

江西省是一个接纳外来人口的重要省份，人口输入带来的外来文化与本地文化的交融，使江西的建筑文化呈现边缘与中心“不平衡”的特征：只有赣西地区还保持自己独特的建筑风格，其他边缘地区都多少受到临近外来文化的影响，赣东北地区受到徽派建筑影响，整个建筑形态呈现徽派风格；赣南地区（图 10-9）的建筑类型是客家围屋为主导的，与粤东北和闽西的客家聚落共同构建了客家建筑体系文化圈。

图 10-9　赣南传统建筑

研究赣南客家围屋的装饰可以发现，建筑的外部一般都以建筑材料原始的状态为主，不进行雕饰或者粉刷呈现朴实面貌，体现一种尊重自然，回归本真的思想。而建筑内部会对一些细部构件进行独立的装饰，结构上的梁、枋、檐进行木雕装饰、门窗雕饰、墙面做泥塑的花雕装饰、屋瓦的雕饰等。

4．潮汕地区建筑装饰文化

“潮汕地区”也是一个地理文化概念，指的是古时候的潮州府，地理上如今是指由汕头市、潮州市和揭阳市三市所在地区。潮汕地区一面临海，三面环山，常年气温较高，夏无暑，冬无寒，生活环境适宜。潮汕建筑获得发展是在清代以后，由于位处沿海地区，与东南亚的商业往来频繁，潮州人有在海外打拼回到家乡后重金建设家园的习惯。这一习惯风俗与潮州人重视血脉宗族的文化教育不无关系，大量的民居和祠堂因此得到了维护和装修，对形式和工艺的要求自然不会随意。如今一提到潮汕建筑，眼前就浮现出这一地区最有特色的形式多样、连绵起伏的风火山墙的影像。在建筑装饰方面，不管是祠堂建筑还是民居建筑，都显示着潮汕建筑工艺精致、轻巧通透的建筑特色，繁复精美的建筑装饰，包含着潮州人强烈的宗族情感，更是为了满足对宗族礼制强烈推崇的心理需求，如图 10-10 所示。

图 10-10　潮汕传统建筑

以上是对与闽西客家地区相邻地区的建筑文化的概述，赣南地区是纯客县聚集的地区，主要的特征——地域文化也是客家文化，建筑风格以“客家性”为文化特征；闽南地区和潮汕地区则是非客家地区，所呈现出来的建筑装饰文化代表了海洋文化与本土中原文化相互融合发展的结果，闽南地区建筑文化又代表了福建建筑装饰的特征。文化本身就具有流动性，一种文化发展的形成离不开周围环境和其他文化的影响，文化与文化彼此之间碰撞交流，相互借鉴，最终各自获得一种相对稳定的状态，从而也是最符合本地建筑类型的状态。总而言之，对闽西客家地区建筑装饰文化深入研究之前，适当了解闽南地区、赣南地区和粤东北地区的各种文化现象所带来的启示和引导，才能更好地认识闽西客家建筑、闽西客家楼阁建筑。

10.2 福建客家楼阁建筑装饰

源于装饰文化的“流动性”，通过了解闽南地区、赣南地区和粤东北地区的建筑装饰文化，对闽西地区传统建筑的装饰文化也可以有一个大概的期许。再具体到闽西客家楼阁建筑的装饰特色，除了包含这一地区建筑装饰的共性，不免也包含作为楼阁建筑所特有的装饰做法。针对客家楼阁装饰特色以及闽西客家建筑装饰文化的特点，根据装饰类型、装饰工艺、装饰位置等不同把闽西客家楼阁装饰研究分为四大部分：第一，雕刻装饰；第二，彩绘装饰；第三，屋顶装饰；第四，小花窗和小拱形门。

1. 雕刻装饰

雕刻技术在福建地区是发展比较成熟的工艺，并且在国内也小有名气。在建筑中，雕刻装饰也常被用来增加建筑的艺术性，彰显高贵气质，使房屋变得精致有变化。客家楼阁中，有木材或者石材构筑的部分都少不了雕刻的装饰。

木雕用来装饰梁枋、雀替、轩廊过梁、垂花柱等，木窗格、木窗枋往往也会雕刻成各种花样图案（图 10−11、图 10−12），这样的装饰思路与民居建筑中的装饰思路基本是一样的，起到的装饰效果也相似，雕刻题材的多样性和丰富性已经不需要在多费笔墨。有一种比较有趣的装饰做法是，在正厅或者拜亭等重要空间的天花板上会有一种类似木条拼成规则图案的装饰方法，简洁大方。虽然相比工艺精细度要求高的雕花来说，这种拼花略显朴素，但也体现了一种省工、省时的民间智慧（图 10−13）。

图 10−11　福建客家楼阁木窗格

图 10−12　福建客家楼阁梁枋、雀替、轩廊过梁等木雕装饰

图 10-13　福建客家楼阁天花木雕装饰

石雕装饰包括一些在民居中比较常见的如石柱础、镇门石、入口石狮子、石雕牌坊门，还有一些在楼阁建筑中才会有的，如浮雕的丹陛石、石雕香炉等（图 10-14）。

图 10-14　福建客家楼阁石雕装饰

2．**彩绘装饰**

彩绘装饰是闽南建筑常用到的建筑装饰手法。在闽西客家楼阁装饰中，彩绘装饰包含了平面的彩绘图画、立体的塑像彩绘、构件上彩等，这些装饰用色大胆生动，比较鲜艳，起到活跃楼阁的气氛、彰显楼阁神采的作用。平面彩绘可以分为垂直面彩绘和水平面彩绘。

垂直面彩绘装饰最常见的是入口大门上画人物肖像作为装饰，较多选择的题材是画左右门神，有的也根据楼阁的主题画成其他的神仙人物。其他运用垂直平面绘画的如梁板的垂直面、戏台的屏风或者隔板、主要使用空间的墙壁等，绘画内容十分丰富，从花鸟鱼虫到神话故事或者历史典故都有囊括，其含义都是表达了驱邪纳吉、吉祥如意、教育子孙的愿望，如图 10-15 所示。

图 10-15　福建客家楼阁彩绘装饰

水平面彩绘装饰会运用在一些楼阁的天花板上，比较多的是画龙和凤，与楼阁的作用相联系，天花上的龙、凤有镇妖降魔的含义。

立体的塑像彩绘和构件在规模比较大的楼阁中随处可见，楼阁内的神像、屋脊上的泥塑、斗拱、梁、板等地方会根据使用的需要绘上鲜艳的色彩。

3．屋顶装饰

中国古建筑屋顶的形式多种多样，反映等级尊卑，在做法上更是讲究严密精细的制作规范。在中国传统建筑研究中，屋顶不仅被称作建筑的“第五立面”，而且屋顶具有很高的研究价值。闽西客家楼阁建筑屋顶的形态轻巧灵动，与粗犷稳重的北方楼阁的屋顶相比，多了夸张而上升的起翘以及弯曲的檐线和脊线，相比之下更接近江南园林里温婉秀气的亭台楼阁，再加上闽西的楼阁建筑屋顶上脊饰、角叶、悬鱼等构件的点缀融合了福建地方特色的泥塑、嵌瓷等工艺，把闽西客家楼阁建筑屋顶的独特性和艺术性展现无遗。

从造型上看，闽西客家楼阁包含两种屋顶形式，攒尖顶和一种“形似歇山式”的悬山屋顶。

攒尖顶在平面是正多边形的楼阁顶层使用，尖顶是宝珠宝瓶，屋脊是曲线形式，檐角向远夸张起翘，端部会有泥塑的脊饰和规则的角叶装饰（图 10−16）。

“形似歇山式”的悬山屋顶在结构上与悬山屋顶相通，只是在山墙面加了一道披檐，连接悬山顶的前后两片屋盖，并且露出三角形的墙头，远看会有歇山屋顶的感觉，但是结构上比传统的歇山屋顶要简洁。

悬山屋顶上的装饰除了像攒尖顶那样用泥塑的屋脊线起翘和角叶装饰以外，正脊的装饰也是极其精美，正脊两端的起翘呈现出一种起飞的姿态，类似于闽南建筑中的燕尾脊装饰。正脊下方盖有悬鱼。下垂的角叶和悬鱼搭配上扬的正脊和檐角，客家楼阁的屋顶装饰是楼阁整体造型上的重要影响因素（图 10−17）。

图 10–16　福建客家楼阁屋顶

图 10–17　福建客家楼阁屋顶装饰

4．小花窗和小拱形门

闽西地区的建筑普遍开窗面积比较小，楼阁建筑也不例外，外立面上是大面积的实墙。因此，门窗洞口的形式也兼顾到立面装饰的效果，从室内看，不同形式的窗洞还会产生相应的光影效果。

小窗形式除了四方形，还有圆形、六边形和八边形。同一座楼阁中洞口的形式并不统一，但是洞口的位置上下和左右会相互呼应。

门洞有方形和拱形两种，一般较高大的门比如入口大门为方形，侧门、内院门，或者室内的小门为拱形（图 10–18）。

图 10-18　福建客家楼阁门窗洞口

楼谱

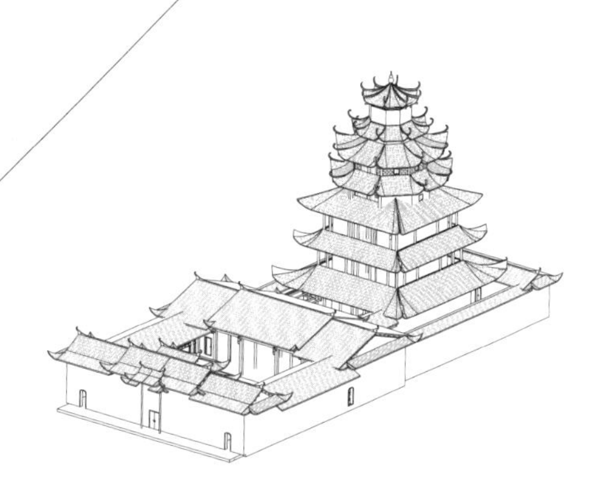

研究期间，笔者走访了闽西地区各地现存的大小楼阁，其保护程度差别很大。有的地区重视本土特色地域文化建筑的保护，对楼阁进行日常的维护和修缮；有的地区则任其自然风化侵蚀；还有的楼阁虽然引起了有关部门的重视、保护，但是在修缮的过程中没有尊重楼阁原有的风貌，肆意更改了楼阁的结构形式和风貌特征，变成了不古不今、不中不洋的构筑物，着实对闽西客家楼阁建筑是一种极大的损失。

下篇列举一些精美的闽西客家楼阁的资料和照片，资料为笔者搜集，照片为实地拍摄，意能更好地展现闽西客家楼阁的风采，也希望可以给对这一建筑群体感兴趣的广大读者朋友提供欣赏的途径和指引。

11 永定西陂天后宫

图 11–1　西陂天后宫正门远视

永定西陂天后宫简介

①地理位置：永定高陂镇西陂村。

②始建年代：明嘉靖二十一年（1542 年）。

③落成年代：清顺治十六年（1659 年）。

④建筑规模：占地面积为 6435m^2。

⑤朝向：坐南朝北。

⑥建筑形制：合院式楼阁，主体建筑为天后宫塔，俗称“文塔”。文塔总高为 40m，外观 7 层，可登临 5 层，楼阁式，塔周围为宫殿，中轴线自南向北依次是：登云馆大厅、天井、塔、大宝殿、天井、戏台、大门，两侧为平台、回廊、酒楼、厢房。

天后宫塔基用天然石块干砌，基面土墙厚为 1.1m，底层为主殿，高为 6.5m（内高为 5.3m），长为 14.4m，宽为 12m，中间有四根大圆杉木木柱，直通塔顶，支撑着塔重心。主殿供奉天后（妈祖）。一至三层为土木结构（生土建筑，其夯土技艺原理与土楼相同），二、三层周围有走廊（木构，土面层）；四、五层为砖木结构，由四边形平面转为八边形平面；六、七层中间用大圆杉木柱构建，数十根方木条向八方辐射成年轮状，板木为墙，即六、七层不能登临并且由纯木构建。最上层是葫芦顶，用名瓷圆缸（景德镇特制）垒成，分红、黄、蓝、白、青诸色，用 8mm 粗铁索拴牢。塔身高耸入云，顶层飞檐配有铜铃数十个，风吹铃响，铿锵悦耳。

塔下有护塔房 36 间，塔前为大厅堂，塔后是登云馆大厅、天井、大门。入口处有永久性戏台一座，呈半圆立体窟窿形，结构奇巧，有良好的集音作用，俗称“雷公棚”。每年圣母生日在此祈祷演戏，热闹非凡。

闽西客家特有的多神共祀现象，反映了一种民间信仰实用功利的

心理，合祀诸神：二至五层，分别奉祀关帝圣君、文昌帝君、魁星尊神和仓颉先师。

以下内容摘自主殿大厅《西陂天后宫是永定土楼珍品》。

永定客家土楼名扬海内外，它利用遍地都是的生黄土、沙石、竹木等原料，就地取材建造而成，既经济又实用，美观大方，历经千余年。

一、状元文塔。独一无二，主塔七层，底主殿，安奉天上圣母，二层奉祀关帝圣君，三层为文昌帝君，四层是魁星尊神，均为木质神像。五楼为仓颉先师神主牌。各层神祇都属文官，故称文塔。相传西陂林氏七氏贲山公的养子林大钦（原籍广东潮州府海阳县人），十一岁逃荒到西陂，贲山公收养他，给他读书至中举，于嘉靖十一年（1532 年）壬长科入京会试高中状元，任翰林院修撰，主修国史。后告假回乡谢祖省亲时，认为要在村的南端，以其状元名义建造一座七层的“印星台”文塔，以期后代人才辈出，大钦回京后即向嘉靖皇帝奏准，下圣旨按北京文塔图纸寄回兴建而成，故文塔又称状元塔（要建文塔必须出过状元，皇帝下旨才有资格建）。据了解，像西陂天后宫这样的文塔全国只有三座，两座在城市，即北京、苏州各一座，唯独西陂一座在农村。1985 年，中央拨款给泉州海外交通史博物馆（以下简称海交馆）负责调查全国的天后宫，证实北京、苏州的文塔均已坍毁，仅存西陂一座，十分珍贵。海交馆特别重视，复印一份文件，要求各级政府对西陂天后宫进行保护，因为西陂天后宫是全国唯一幸存的明代宫塔建筑。

二、七层宝塔，宫殿建筑。塔高为 40m，一、二、三层为四方形，分内外两墙，内墙厚为 1m，为塔基主墙，外墙厚为 40cm，两墙平面呈“回”字形，外墙直上至二层，在塔外侧设走马廊，宽为 1m，三合土铺地，四周外直立柱至三层，塔外侧设木质走马廊，游人可在二、三层绕塔环观外景，赏心悦目。四层以上转为八角形，一至四层为土木结构，五层为砖木结构，六、七层为纯木结构，中间竖立大圆木柱，外围八角立柱，用数十根方木条向八方辐射呈车轮状，木板为墙，直接葫芦顶。塔顶葫芦采用景德镇名笔特制圆缸，分红、黄、蓝、白、青五色圆缸垒成。尖顶铁柱，直指苍穹，串缀葫芦，再用八根铁索向塔顶八角翘峨拴牢，起避雷作用。全塔典雅端庄，集四方形、八角形、圆形为一体，各层翘峨飞檐雕梁画栋，金碧辉煌，美丽壮观。

塔的东、西、南三面距塔四米外侧建护塔房舍36间，东西向中间会有会客室。南面正中设登云馆，为科举时代会文讲学场所。大殿拜坛下小天井边有块斜放的石雕双龙戏珠为丹墀。大厅堂长为14m，宽为12m，高为7m，厅中四只大立柱为四点金，工架杠梁横梁斗拱精雕雄狮彩凤，描绘人物典故，山水花鸟，装饰华丽，惟妙惟肖。厅口楹联“杰构倚层霄风扇龙飞八面窗櫺烟而外，靖岚收四野溪户树色千家楼阁画图中”。联文概括了天后宫的全貌。

厅前大天井面积300余平方米，中间用三合土铺就一块三米宽人行道称御道。左右两边回廊工棚为下酒楼，厅旁两厢棚为上酒楼，演戏时为饮酒观戏场所。宫门内建一永久性戏台，戏台顶呈半圆穹隆形，镶嵌立体图案，有集音作用。戏台两侧是化妆室和男女演员住地，宽敞舒适，戏台前柱联：“一派是两河潺潺声杂管弦曲，七层朝北斗叠叠影随文武班”。横额：“和声鸣盛”，戏台中屏绘制圆形仕女牡丹“福禄寿喜”图，屏柱前出联：“爽籁发而春风生，纤歌凝而白云遏”，横匾为“钧天雅奏”。从宫门、戏台、街道、大厅、中门、丹墀，到主殿恰似皇宫金銮殿，庄严宏伟，令人肃然起敬。

三、多次大修，保存完好。该宫建成后，1949年前，历经三次大型维修，第一次于清乾隆二十五年庚辰岁（1760年），公举十三代昇峻公为总理，进行全面装修，扩大厅堂、戏台，用青石打制宫门。第二次于清同治二年癸亥岁（1863年）全面检修瓦面防漏，部分雕梁画

栋、粉墙等。第三次是民国二十四年（1935 年）乙亥岁，林可垣为经理，请廖光明泥瓦匠加固葫芦顶，检修瓦面，装饰酒楼栏杆等。西陂天后宫于 1983 年列为县级重点文物保护单位，1991 年列为第三批省级文物保护单位。从 1986 年起，政府逐年拨款维修，至 1993 年，主塔及宫门已修茸一新，其余部分，靠政府拨款和民间集资继续维修，直至全部修理完好，以壮观瞻。

四、规模宏伟，气势磅礴。建筑面积为 2726m^2，天井面积为 633.8m^2。宫门口大坪 988.25m^2，树林操场 5069.6m^2，加学校、厕所，合计占地面积 10173.62m^2。宫门大坪塑雌雄巨狮一对，厅堂屋顶塑有双龙戏珠（“文化大革命”时被毁），总体建筑庄严雄伟、美丽壮观，堪称一绝。

五、宫塔周围，环境优美。本宫坐南朝北，左有鲜水池塘，塘有涌泉，水鲜如镜，清澈见底，游鱼可数。右旁碧水清溪，自北蜿蜒南流，水声潺潺如奏管弦，古榕杞树苍翠成荫。宫后向南远眺，十里平川，田园阡陌，村庄农舍点缀其间。宫前朝北近观千家楼阁鳞次栉比。周围青山环抱，峰峦叠嶂，胜景萦回，美不胜收。

六、东宫西塘，景观独特。该宫与西边的鲜水池塘，恰好构成东宫西塘的大好景观，塘面水清如镜，映照出天后宫倒影，构成陆上水中湖光山色，四畴村舍点染其间，如仙山琼阁格外鲜明，美景璀璨，如诗如画。棉花滩水电站建成后，出现 64 平方公里的水库，龙、湖与东边土楼配合，构成“东楼西湖”的永定县旅游格局。而西陂天后宫的“东宫西塘”正好是“东楼西湖”的缩微景观，奇妙得很，所以西陂天后宫是永定土楼珍品当之无愧。

11−2	11−3
11−4	11−5

图 11−2　西陂天后宫正门近景

图 11−3　西陂天后宫戏台

图 11−4　西陂天后宫正门三合土狮子像

图 11−5　西陂天后宫正门

图 11–6 西陂天后宫大殿

图 11-7　西陂天后宫前天井

图 11-8　西陂天后宫仓颉先师之牌

图 11-9　西陂天后宫“文塔”

11—10
11—11 | 11—12 | 11—13
11—14 | 11—15

图 11—10　西陂天后宫文曲星台

图 11—11　西陂天后宫魁星台

图 11—12　西陂天后宫大殿正厅

图 11—13　西陂天后宫柱子、柱础

图 11—14、图 11—15　西陂天后宫檐口角叶

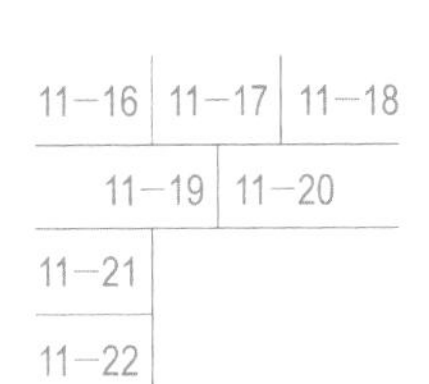

图 11-16 西陂天后宫后天井

图 11-17 西陂天后宫后天井门窗

图 11-18 西陂天后宫正门抱鼓石

图 11-19、图 11-20 西陂天后宫正门泥塑彩画

图 11-21 西陂天后宫“文塔”二层匾额

图 11-22 西陂天后宫戏台天花

11-23	11-24	
11-25	11-26	11-27

图 11-23　西陂天后宫戏台窗扇

图 11-24　西陂天后宫柱础

图 11-25～图 11-27　西陂天后宫大殿屋架

图 11–28　西陂天后宫戏台侧门

图 11–29　西陂天后宫戏台雀替

12 上杭上登回龙阁

图 12–1　上登回龙阁全景

上杭上登回龙图简介

①地理位置：上杭临城镇上登村。

②始建年代：明洪武年间（1368 年）。

③落成年代： 明洪武年间（1398 年）。

④建筑规模：占地面积为 500 ㎡。

⑤朝向：坐东朝西。

⑥建筑形制：独立式楼阁建筑，塔高为 16m，通进深为 16m，通面阔为 15m，共五层（其中第四层起穿斗式二层）。

第一、二层屋面为平面四边形，第三、四、五层为平面八边形，当地风俗寓意“四季发财”。每屋檐的转角端点，都有翘起的飞檐，装饰当地的泥塑雕刻。阁内供奉着地藏王菩萨、三位先师、财神、妈祖、魁星等神像，每年农历正月十二和六月初六举办庙会，热闹非凡。楼阁主体破损明显，生土墙塌毁处却补了烧结砖。

以下内容摘自回龙阁简介。

上登迴龙阁（又称回龙阁、罗登塔、仙桥宫），位于上杭县临城镇上登村上坊水口处的葫芦岗与对面牛栏崇两山之间的上登溪拐弯处。海拔高程 188 米，地理位置为东经 116° 22′，北纬 24° 59′。过去这里大山拥力，古木参天，石砌古道，流水淙淙，极为幽静。此阁……是上杭塔式建筑的典型实例。该阁结构坚固，面对南山背倚葫芦岗，上载危岩、下临深渊（螺田潭），凿石为基、就岩起屋、结构惊险、造型奇特、古朴庄重，是古代劳动人民留下的珍贵古建筑遗产。

迴龙阁过去是作为村民聚会、议事和祭神的地方。在第二次国内革命战争时期，曾是游击队、地下党接头、隐蔽之地。1992 年，福建电视台、福建电影制片厂《赤魂青山》摄制组在这里拍摄了“智斗叛徒”

一场戏。中华人民共和国成立初期还设立过村公所，后来又设医疗站、土纸收购站、阶级教育展览馆等。

迴龙阁地处偏僻山区，外界几乎无人知晓，使得这一客家古典建筑保存得较为完好。2010 年成立了上杭第一个民间文物保护组织——上杭县临城镇上登村迴龙阁文物保护管理委员会。近年来，在各新闻媒体以及外出乡贤的宣传推介下，这一古老的文物建筑又焕发出生机。2011 年 7 月被列入上杭县第九批县级文物保护单位；2013 年 1 月初又被列入福建省第八批省级文物保护单位。

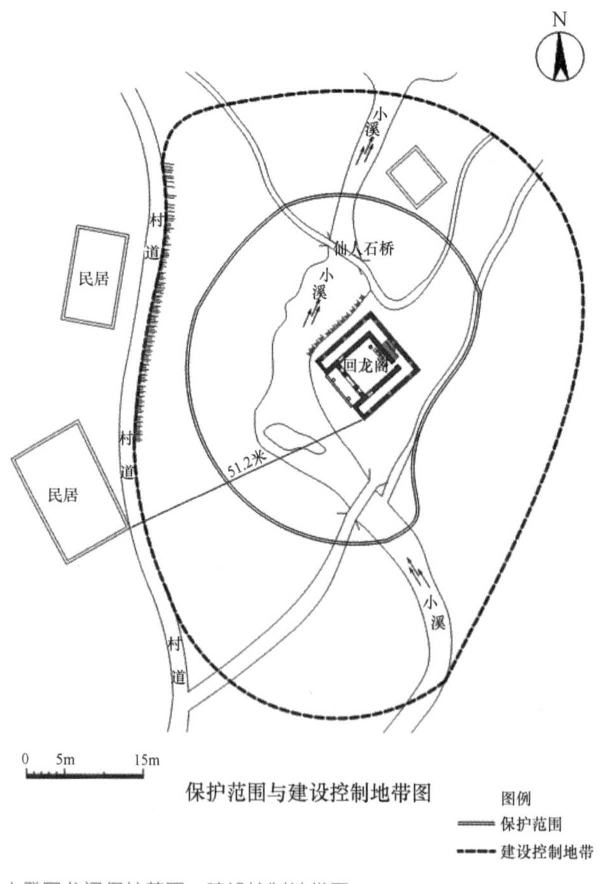

图 12–2 上登回龙阁保护范围、建设控制地带图

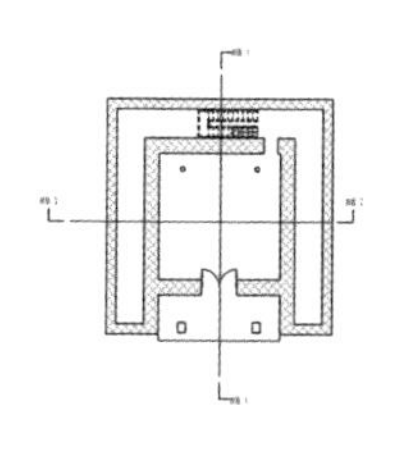

一层平面

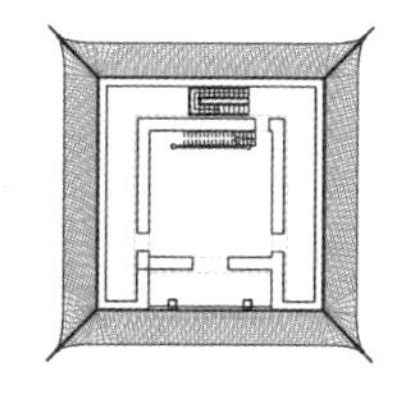

二层平面

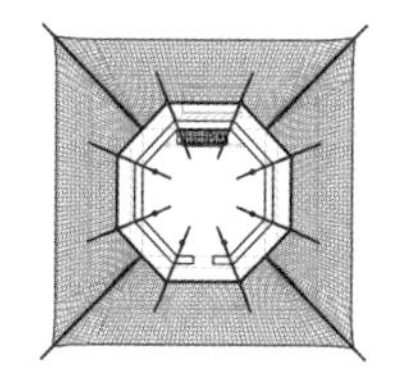

三层平面

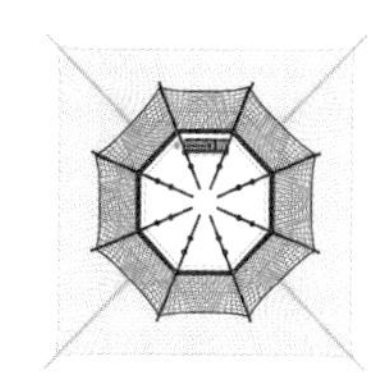

四层平面

屋顶平面

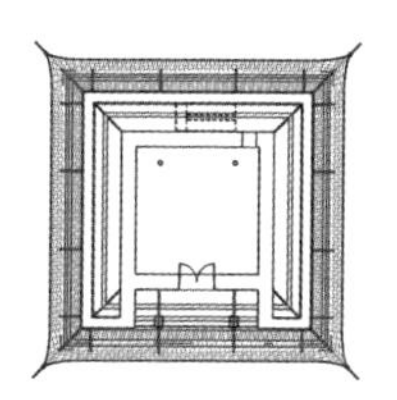

一层天花板平面

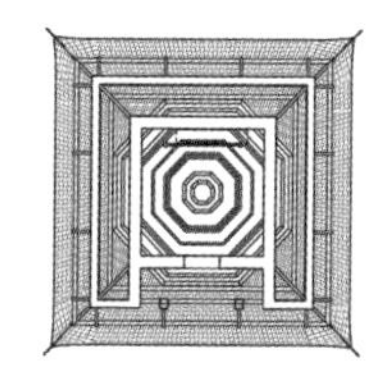

二层天花板平面

三层天花板平面

四层天花板平面

顶层天花板平面

图 12-3　上登回龙阁平面图

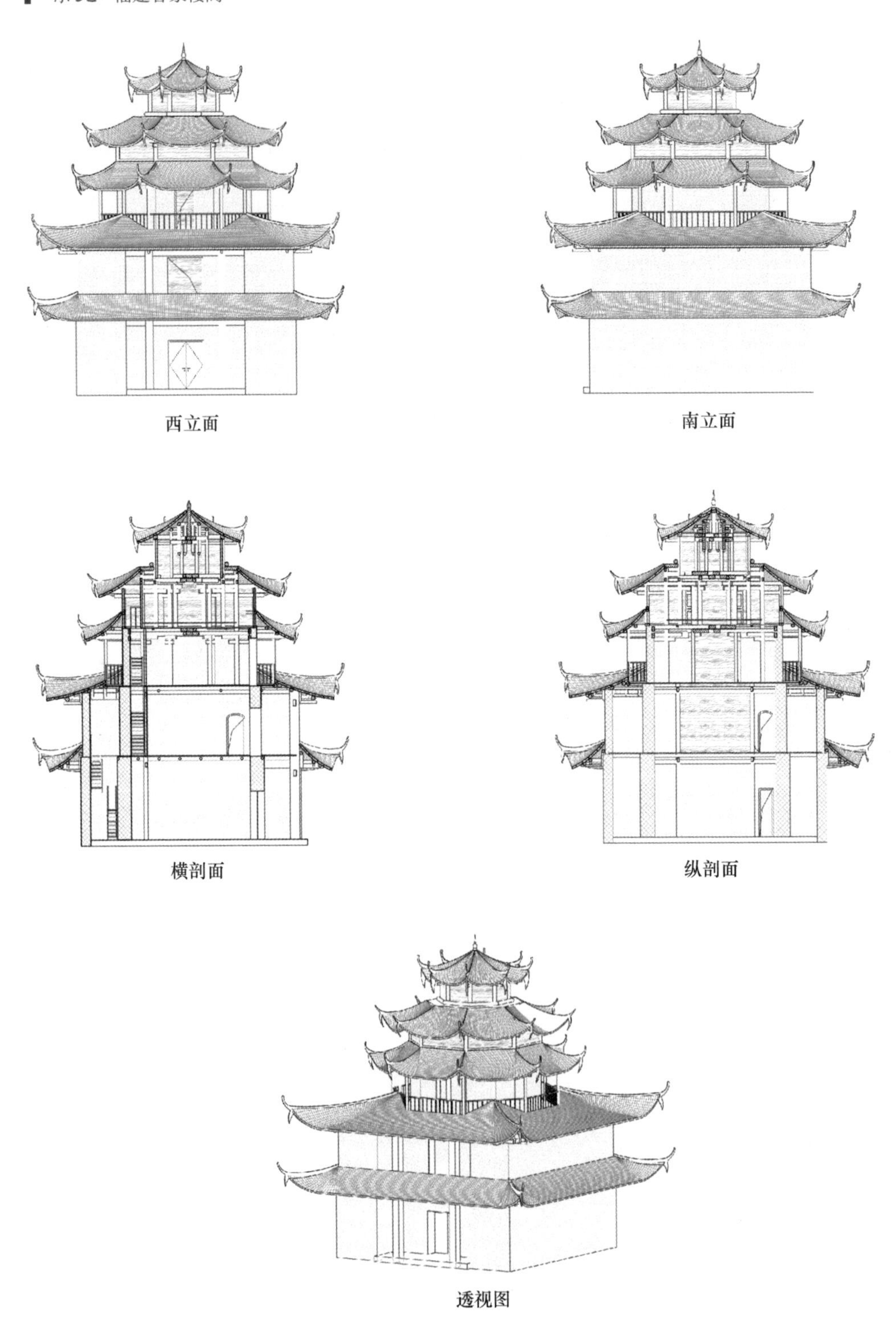

图 12-4 上登回龙阁立面图、剖面图和透视图

12-5	12-6
12-7	12-8

图 12-5 上登回龙阁正门

图 12-6～图 12-8 上登回龙阁土木结构构造

图 12-9　上登回龙阁檐口、角叶

12－10	12－11
12－12	12－13

图 12－10　上登回龙阁二层匾额

图 12－11～图 12－13　上登回龙阁梁柱构造

12–14 | 12–15

图 12–14　上登回龙阁梁柱构造

图 12–15　上登回龙阁与环境

以下内容摘自迴龙阁附属仙人桥简介。

“迴龙阁”的东北侧有座跨越小溪的石拱桥，称为“仙人桥”，它是作为迴龙阁的附属建筑，也是省级文物保护单位。迴龙阁的西面二层挂着一道匾额，题字“仙桥宫”，与此桥不无关系。由此看来，“阁”是修建在“桥”之后的，“阁”是“桥”的附属建筑才对。

“仙人桥”是省级文物保护单位“迴龙阁”的附属文物。它建于明代，是单孔石拱桥，位于上登迴龙阁东北侧，占地面积为 140m^2，东西走向，长为 28m，宽为 4.8m，跨度为 12m，距水面 8m。

在逶迤群山之间，有一架飞鸿静卧溪面，与青山相挽的，便是上登仙人桥。层楼耸秀的仙人廊桥，正面、侧面均有耐看的风姿，与山野、溪流、稻田融为一体。烟雨水墨中的廊桥，安详平静，声色不动；廊桥古典庄重，揽几百年风云，阅尽沧桑人世；廊桥实用，曾伴村民闲歇；廊桥神秘，曾有多少山民在此求仙拜佛；生态互补的廊桥，红廊柱、白飞檐、绿山峦、清溪水，读书人路过遗落的书香，山民在此歇息时洒下的汗水，孩子们学堂去归时飘落的笑声，长途跋涉者过往的感激，客家先民的聪明、智慧、善良、纯朴和坚韧的生命力，因其而可感可见。看到这神秘、古老、奇特的廊桥，谁不想知道它的来历？

上登村群山环抱，一条小溪自西向东贯穿上坊盆地和下坊盆地。地势西高东低，西面越来越宽阔。这里常年雨量充沛，水源充足。溪中石壁兀立、水深流急，湍急的溪流冲向石壁，发出轰隆隆的响声，溅起浪花柱柱，在阳光映照下晶莹夺目。迴龙阁后有碧波荡漾的深潭，当地人称螺田潭，潭中有一巨石，挺立中流，形状如龟，人们称作“龟子石”。溪中还有几块“跳石”供行人经过使用。相传古时这里是通衢大道。上坊到下坊，上杭到武平象洞、到广东松原石寨等地，都必须由此经过。因为行人多，所以溪中的“跳石”越踩越光滑，时有行人掉进水流湍急的溪流中，尤其是老人、儿童以及孕妇更是不便。于是村民就砍下附近山上的木头，搭成便桥，以方便路人行走。木桥虽然比“跳石”安全、方便，但每年都会被山洪冲走几次，每冲走一次，村民们就重新搭建一次。日复一日，年复一年，传说此事感动了神仙。于是，在一个月明星稀的夜晚，神仙就用溪中的鹅卵石一夜之间就砌成一座坚固、平坦、宽敞的石拱桥，据说那天晚上特别宁静，村民听得到排水垒石的声音。后来人们又在桥上起屋盖瓦，安奉“三大仙师”雕像，廊桥两边设有栏杆供人观赏四面风景，还有简易的木凳供人休息、歇息。从此，人们就把这座桥称为“仙人桥”。如今仍可看到桥拱里面的鹅卵石呢，被桥梁专家称为一大奇迹。

13 永定上登回澜阁

图 13–1　上登回澜阁

永定上登回澜阁简介

①地理位置：上杭临城镇上登村。

②始建年代：明万历癸酉年（1573 年）。

③建筑规模：占地面积为 2000m²。

④朝向：坐东北朝西南。

⑤建筑形制：合院式三层楼阁。主楼阁底层为方形平面，顶层为八角形平面，二层为转换平面。楼阁造型特别，但是修复痕迹严重，修复夯土墙未沿用原材料，而是采用大量的烧结砖外加混凝土抹面，造成了古建筑形象的破坏。楼阁入口处有 20 ～ 30 m²的金属遮阳棚，使古建筑的正立面形象全无。

进入楼阁内部，那些开裂的木柱和墙面仿佛在诉说着一座古老的楼阁经受着时光的摧残并且无人问津的落寞之容。

以下内容摘自永定上登回澜阁简介。

回澜阁俗称“罗灯塔”，位于上登村蓝姓自然村中，这里聚居着少数民族畲族蓝姓人。根据族谱记载，上登蓝田开基始祖三十一郎公，于明弘治戊申年（1488 年）从庐丰迁至上登开基，至今已有 500 多年。明万历癸酉年（1573 年），蓝田三世祖满郎公牵头兴建回澜阁。清道光十五年，由上登蓝田人蓝利填（乙未恩科举人）举资率众重修。

……该阁建筑独特，阁高约 16 米，共三层：第一层为长方形，有上、下厅堂，上厅起三层楼阁供奉“三位仙师”；下厅又分设南北厢房，上下厅之间有天井相隔。据说，此天井的水永远不会满，若是超出天井沿，那就预示此地将会发生水灾。第二层为四方形，供奉“妈祖神像”。第三层为八角形；屋顶为葫芦顶。每层飞檐翘角，形态各异，格外引人注目。原老谱记述，该塔有形图，名叫“迴龙顾祖”形，所以取名为“回澜阁”。原水流从象洞坑流向塔前，从左到右绕塔而过，又称“腰带水”。塔内留有古代文人墨客所作诗词，各层供奉仙、道各界神明，日夜香烟缭绕，是四方善男信女烧香拜佛以及当地村民娱乐、议事的主要活动场所。

回澜阁于 2015 年 10 月被列入上杭县第十批县级文物保护单位。

图 13-2　上登回澜阁檐口角叶

13-3	13-4
13-5	13-6
13-7	

图 13-3　上登回澜阁正厅

图 13-4　上登回澜阁二层

图 13-5　上登回澜阁正厅侧门

图 13-6　上登回澜阁土木构造

图 13-7　上登回澜阁魁星台

图 13–8　上登回澜阁土木构造

图 13–9　上登回澜阁东北向

13−10	13−11
13−12	13−13
13−14	

图 13−10　上登回澜阁天后像

图 13−11、图 13−13　上登回澜阁柱础

图 13−12　上登回澜阁正厅

图 13−14　上登回澜阁西南向

14 上杭中都云霄阁

图 14-1　中都云霄阁

上杭中都云霄阁简介

①地理位置：上杭中都田背村。

②始建年代：明嘉靖年间（1522—1566 年）。

③建筑规模：占地面积约为 $290m^2$，高度约为 20m。

④建筑朝向：坐东南朝西北。

⑤建筑形制：合院式住宅，外观六层，四层能登临。

云霄阁有一个有趣的称谓“中国的比萨斜塔”，因为无论从哪一个角度观察该楼，楼均向相反方向倾斜，属外斜内正建筑结构，四百多年来无人能解其中之奥秘。

以下内容摘自上杭中都云霄阁简介。

云霄阁底层分前后两座：前堂为夫人宫，门前有联“黄鹤归来带得松花香丈室，白云飞去放开明月照禅心”。后堂为仙师殿，供奉仙师菩萨，有联“佛地有尘风自扫，禅寺无锁月常关”。第二层为观音殿，奉观音佛像，有联“紫金山清源山不如此处神灵救灾更快，禅林寺义合寺总是共个菩萨求福在诚”。第三层为玄天帝殿，第四层为北帝祖师殿，第五层天后圣母殿，第六层为魁星点斗殿，第七层为钟鼓。

云霄阁第一、二层为生土建筑，墙厚二尺，三层开始为圆柱顶立，木板为屏，开花板有五彩花纹，檐头八角翘鳖，葫芦屋顶，有木梯直通各层。

相传建筑此阁时，有师徒俩，手艺高超。乡民择两地让他们比试手艺，一个在田背村由徒弟承建，另一个在邻近的仙村村由师傅承建。同时开建，同时竣工。师傅建的阁高耸直立，徒弟建的却有点倾斜。据说徒弟为显示其工艺超人，有意少放了一个尖。所以如今人们观看云霄阁时，东看西斜，西看东斜，左看右斜，右看左斜，成为一大奇观。加上近来发现，位于二楼的一个鼓系二十世纪八十年代用马皮做的鼓竟长出了密密的长毛，此事在央视《走近科学》栏目中播出，成为云霄阁之又一大奇观。2009 年，云霄阁被列入福建省文物保护单位名单。

图 14-2　中都云霄阁上部外观

14-3	14-4	
14-5	14-6	14-7
14-8	14-9	

图 14-3　中都云霄阁东向

图 14-4　中都云霄阁西北向

图 14-5　中都云霄阁魁星像

图 14-6　中都云霄阁上部木构造

图 14-7　中都云霄阁顶层楼梯

图 14-8　中都云霄阁首层正厅

图 14-9　中都云霄阁顶层空间

图 14-10　中都云霄阁天井

图 14-11　中都云霄阁三层天花

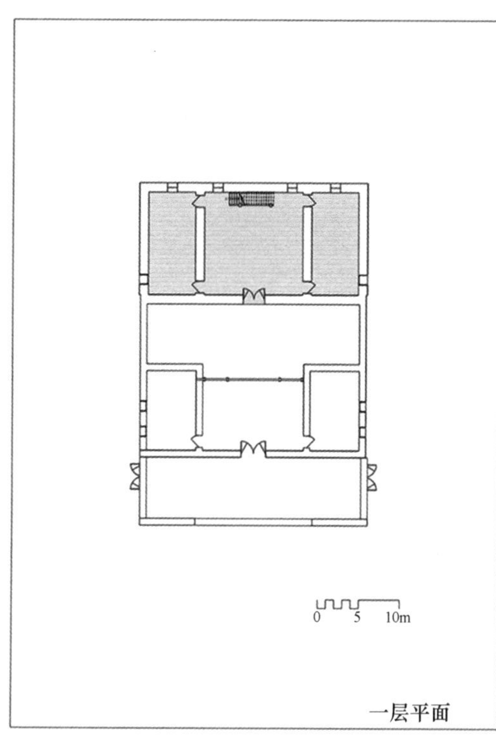

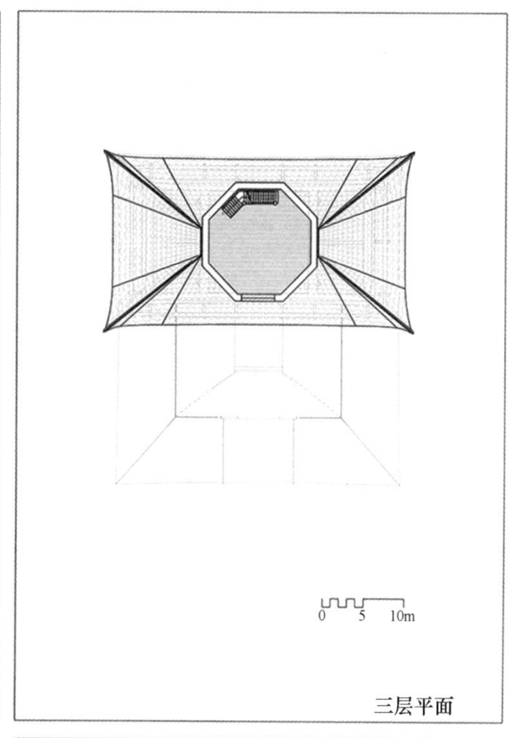

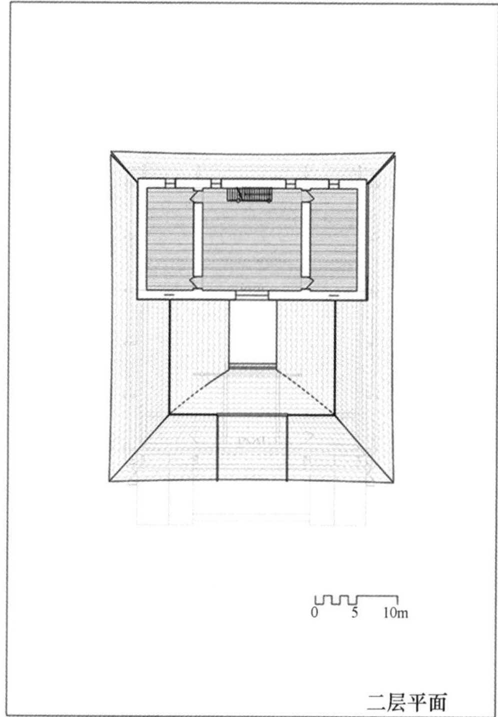

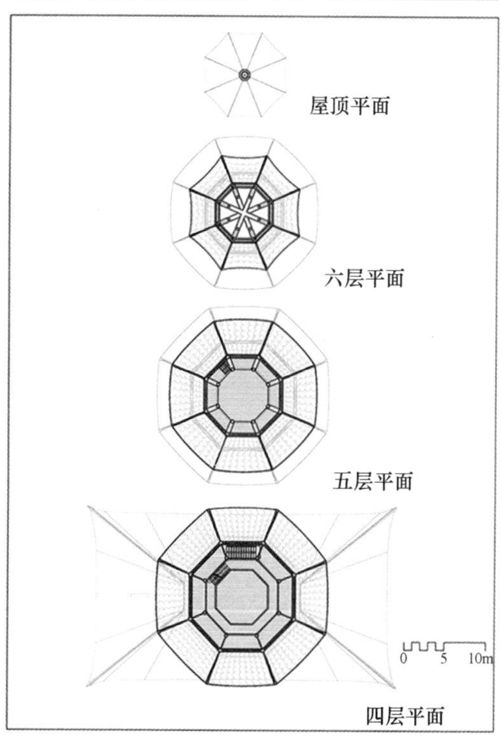

图 14–12　中都云霄阁平面图

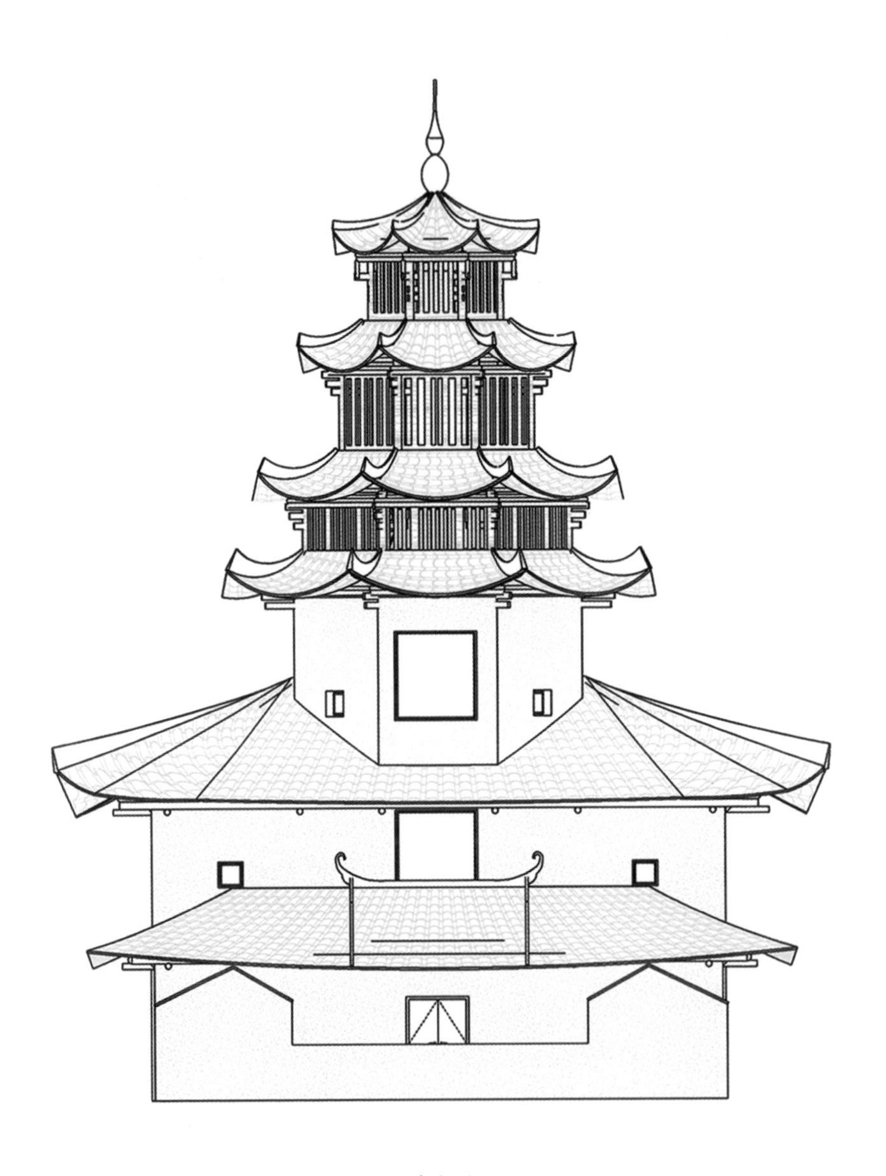

图 14-13　中都云霄阁南立面图

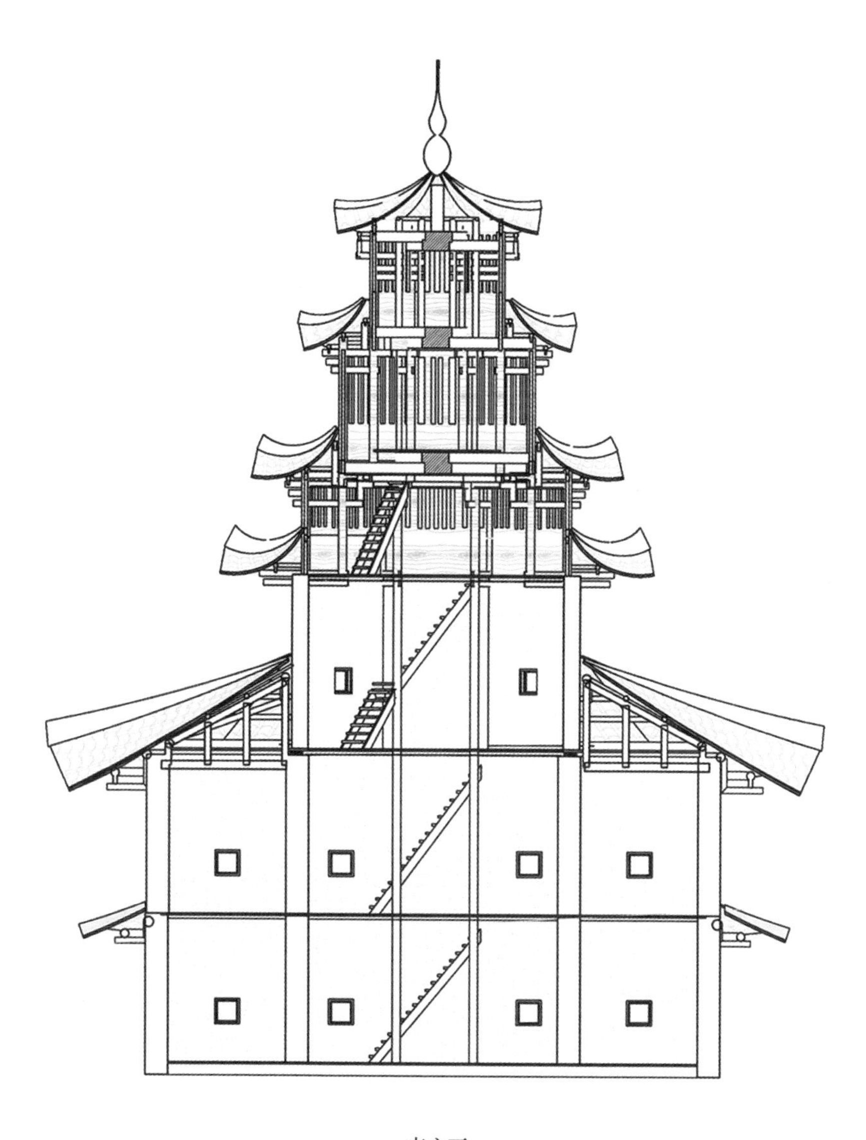

南立面

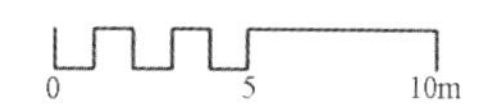

图 14—14　中都云霄阁南立面剖视图

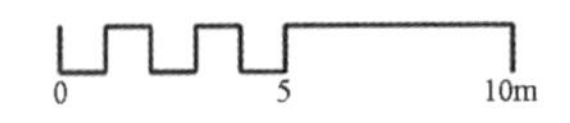

图 14-15　中都云霄阁东立面图

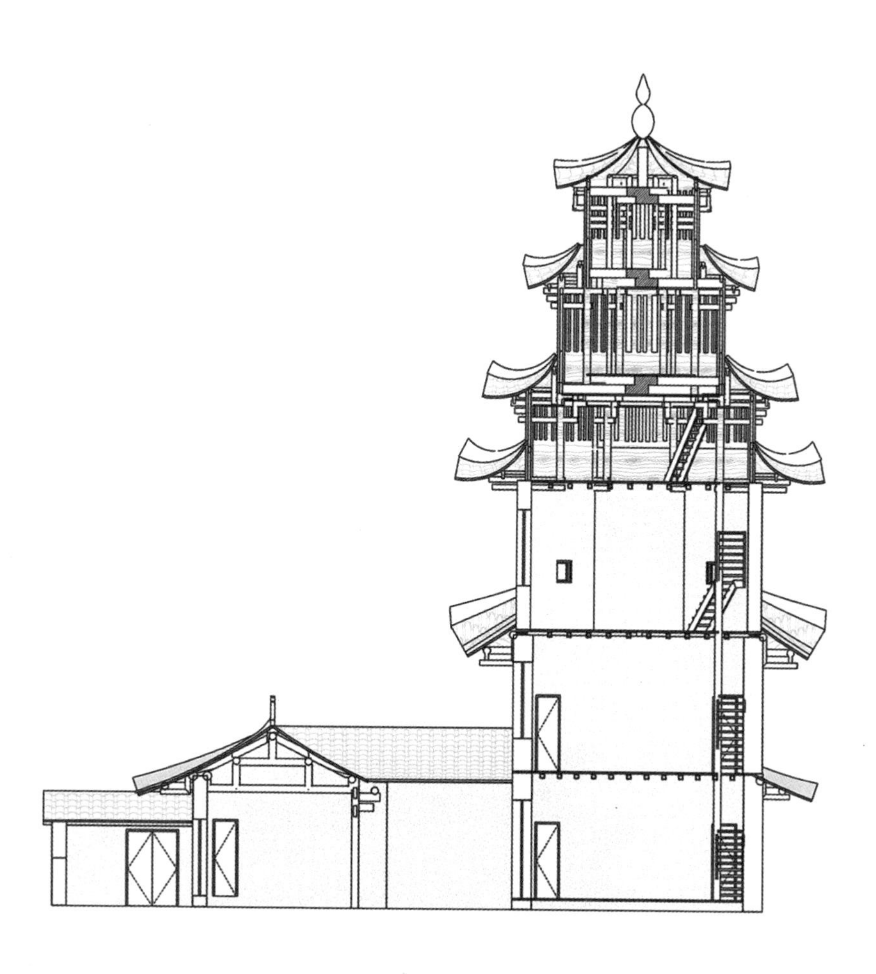

东立面

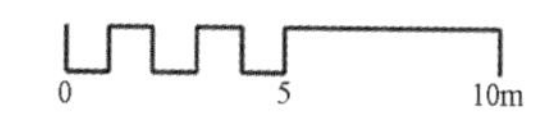

图 14-16　中都云霄阁东立面剖视图

15 上杭太拔凌霄阁

图 15–1　太拔凌霄阁

上杭太拔凌霄阁简介

①地理位置：上杭县太拔乡院田村水口。

②始建年代：清康熙年间。

③建筑规模：占地面积约为 $80m^2$，高度约为 14.6m。

④建筑朝向：坐西朝东。

⑤建筑形制：独立式楼阁，外观七层，四层能登临。

以下内容摘自上杭太拔凌霄阁简介。

凌霄阁位于福建省上杭县太拔乡院田村水口，为县级文物保护单位。据县志记载：清康熙中，李锡贡募建，旋圮于水。知县史圜过其地，捐俸银十两，属李姓修复。生员李天瑞董其事，高八级，级八面，其下环以矮屋，为士人肄业之所。嘉庆间，李模龄募修，以余资展息，置禾税八十石有奇。乡前辈题咏甚多，姑苏沈德新有“澄明月印波心镜，淡荡云飞槛外烟”之句。

图 15-2　太拔凌霄阁正门

图 15-3　太拔凌霄阁内细部（一）

图 15–4　太拔凌霄阁内细部（二）

16 上杭蛟洋文昌阁

图 16–1　蛟洋文昌阁

上杭蛟洋文昌阁简介

①地理位置：龙岩市上杭县蛟洋。

②始建年代：乾隆六年（1741 年）。

③落成年代：乾隆十九年（1754 年），历时 13 年建成。

④建筑朝向：坐北朝南。

⑤建筑形制：合院式楼阁。外观六层，内实四层，五六层为纯木构宝塔顶，不能登临。

主阁楼砖木结构（底层生土结构），一、二层为方形，三层以上为八角形。占地面积为 863m²，通高为 22.6m。一至三层分别安奉了孔子、文昌帝君、文魁星的神像。四层为观景空间，有八方观景窗，每个观景窗下有条凳。后又于文昌阁之左右两侧分设天后宫、五谷殿。

蛟洋是一个新兴工业重镇，拥有约 5 万常住人口，大部分为客家人。区域内国道、省道、高速公路、铁路纵横交错，是闽西连接闽南、闽北、广东、江西的重要交通枢纽。

清朝中叶，上杭蛟洋人民为了祈求文化昌盛，于村中心倡建了文昌阁。位于“八闽母亲山”——梅花山南面山麓的一块小盆地，两条小河从村中穿过，河流交汇处的回龙桥右侧矗立着这座宝塔式建筑——文昌阁。

历史上此地是蛟洋暴动和著名的闽西一大旧址所在地，1961 年成为福建省第一批省级文物保护单位，2006 年国务院公布为全国重点文物保护单位。蛟洋文昌阁的文化内涵丰富，建阁之初就是旧时文人聚会的场所，每年“会试”“文会”“祭祀”均在此举行，民国时期被改为小学，现在是重要的爱国主义和革命传统教育基地。

以下内容摘自上杭蛟洋文昌阁简介。

上杭蛟洋文昌阁建筑特点：

穿斗式构架：沿着建筑进深方向构立柱，直接承受檩的重量，不使用架空的抬梁，而以数层“穿”贯通各柱，组成一组组的构架。用料经济、施工简易是它的主要特点。这种木构架在汉朝已经相当成熟，流传到现在，在中国南方诸省普遍采用。

悬臂梁结构：是指在缺乏一边支撑的基础上，建筑物构件通过一根或者多根的梁来连接。蛟洋文昌阁由于中孔跨径较大，故而采用马蹄形截面的双悬臂梁结构，两端伸出悬臂与周边构件连接，省去了两端庞大的基台，荷重大而且较经济，同时具有防震作用。

伞状建筑结构：是指一种跨度空间的建筑结构形式。蛟洋文昌阁四楼为伞状建筑结构，结构主体是一根大木柱，在立柱上用悬臂的，以立柱为中心呈放射状均匀布置的斜支杆固定，榫铆连接。伞状建筑结构由于传力路线较短，因而省去了大量的主次梁，节省了材料用量，充分利用了空间，而且结实耐用。

攒尖顶屋脊：攒尖顶是园林建筑中亭、阁最普遍的屋顶形式，其特点是屋顶为锥形，没有正脊，顶部集中于一点，即宝顶或者是雷公柱。若是雷公柱，则其上一般安装宝瓶，木脊榑上盖琉璃瓦。蛟洋文昌阁为八角式攒尖，葫芦刹顶。

葫芦刹顶：蛟洋文昌阁的葫芦刹顶是一大建筑特色。葫芦刹顶就是攒尖顶的顶部集中于一点，这个顶不是宝顶或者雷公柱，而是葫芦形状。

图 16–2　蛟洋文昌阁正面

图 16-3　蛟洋文昌阁外细部

图 16-4 蛟洋文昌阁内细部

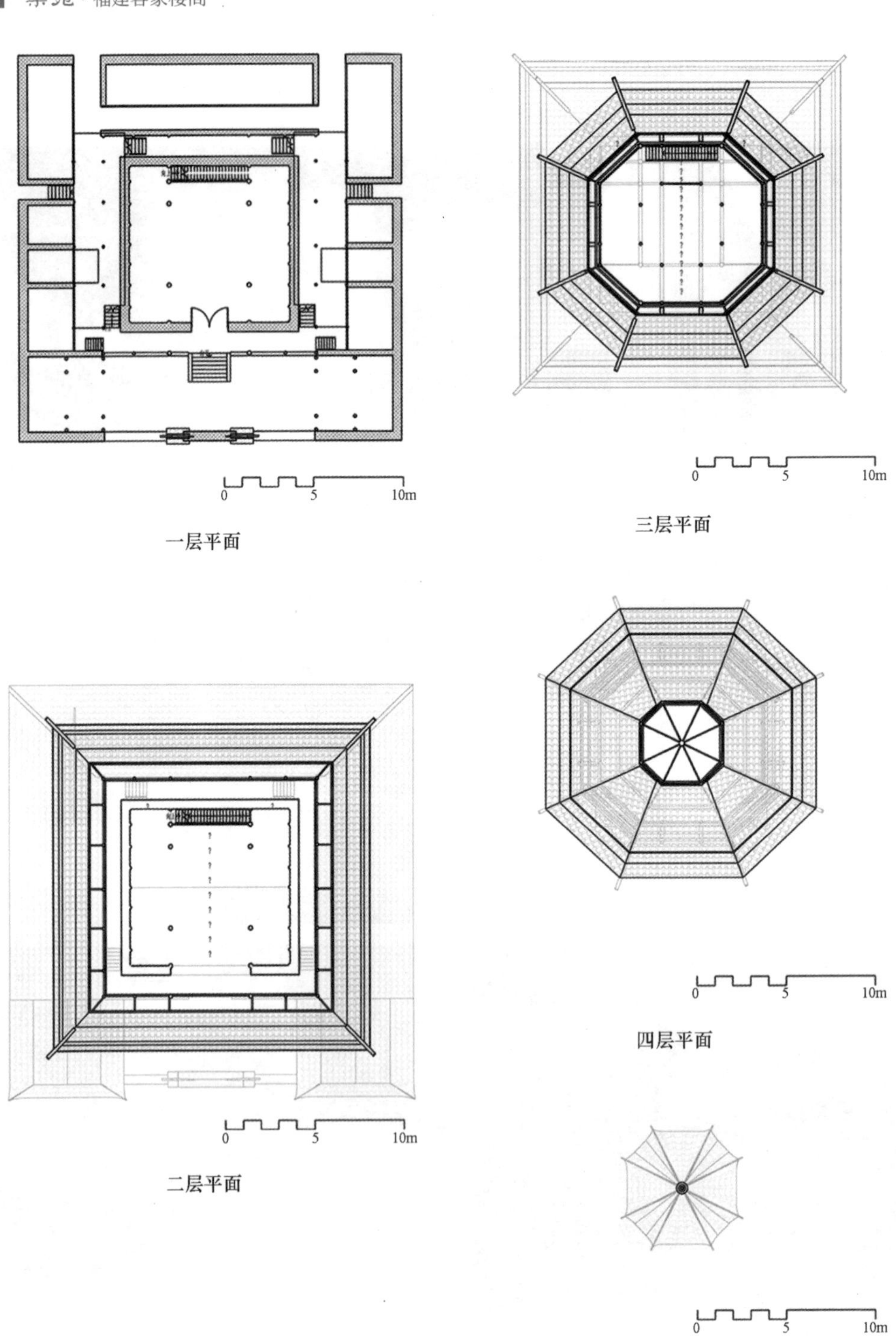

图 16-5　蛟洋文昌阁平面图

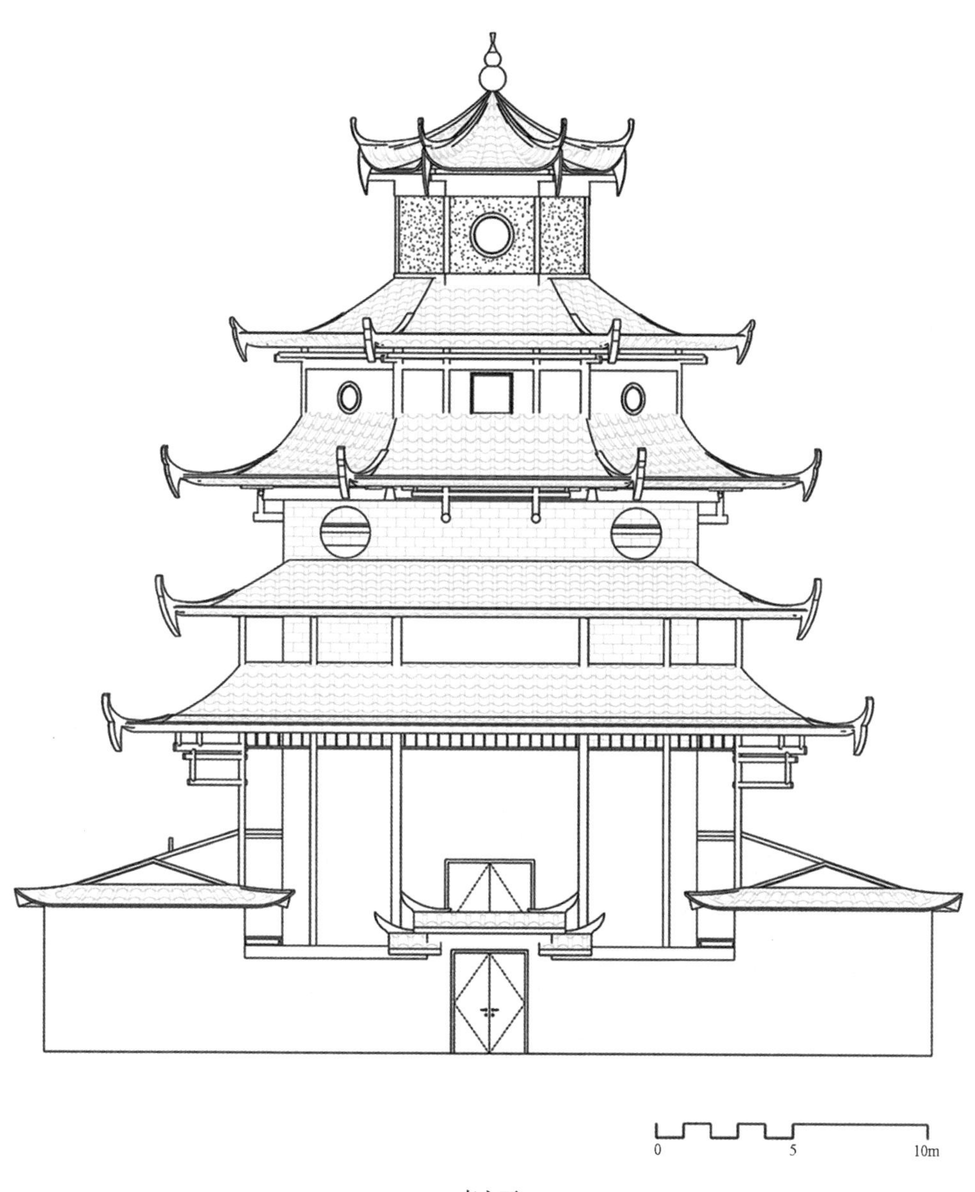

南立面

图 16–6 蛟洋文昌阁南立面图

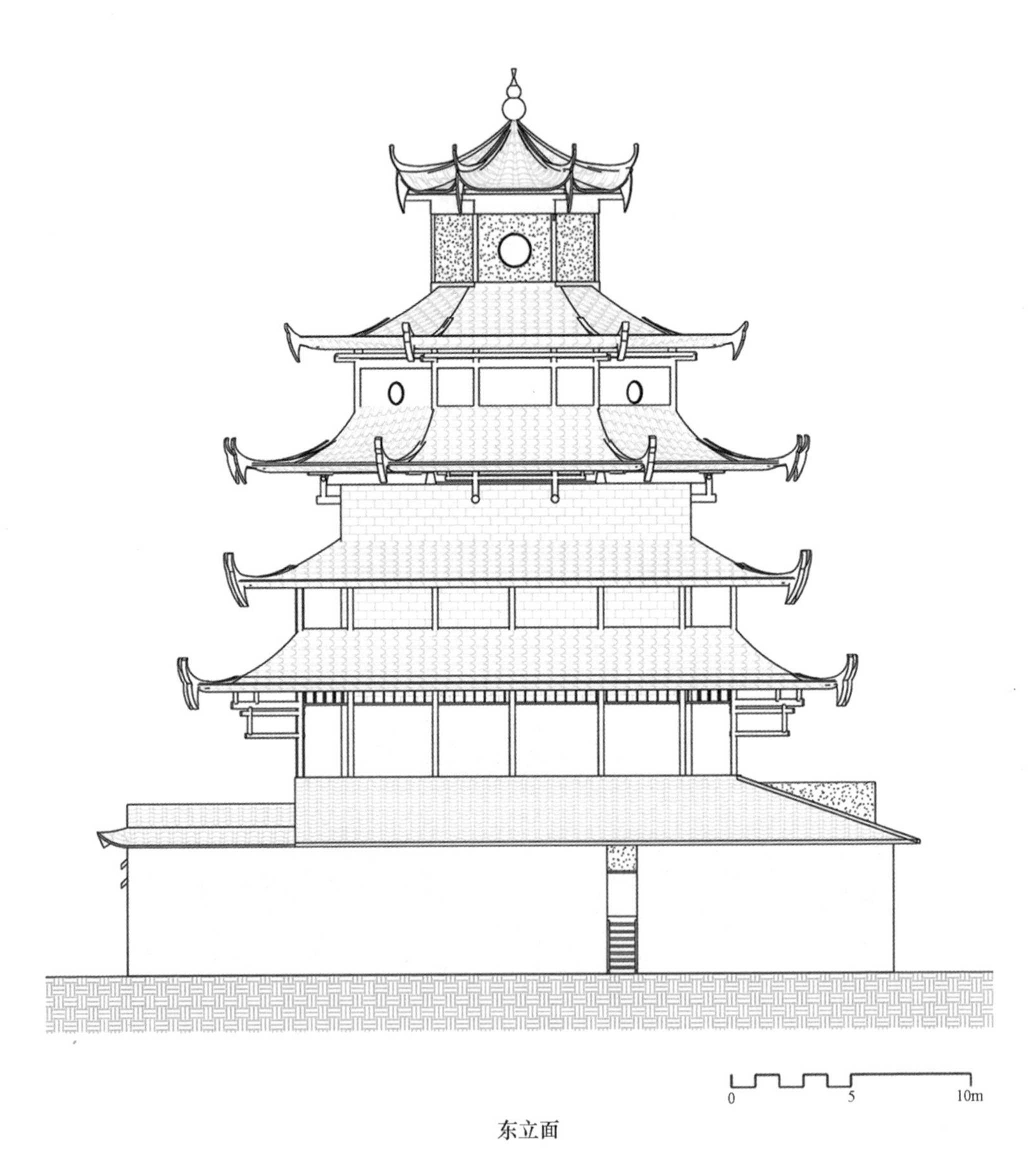

图 16-7　蛟洋文昌阁东立面图

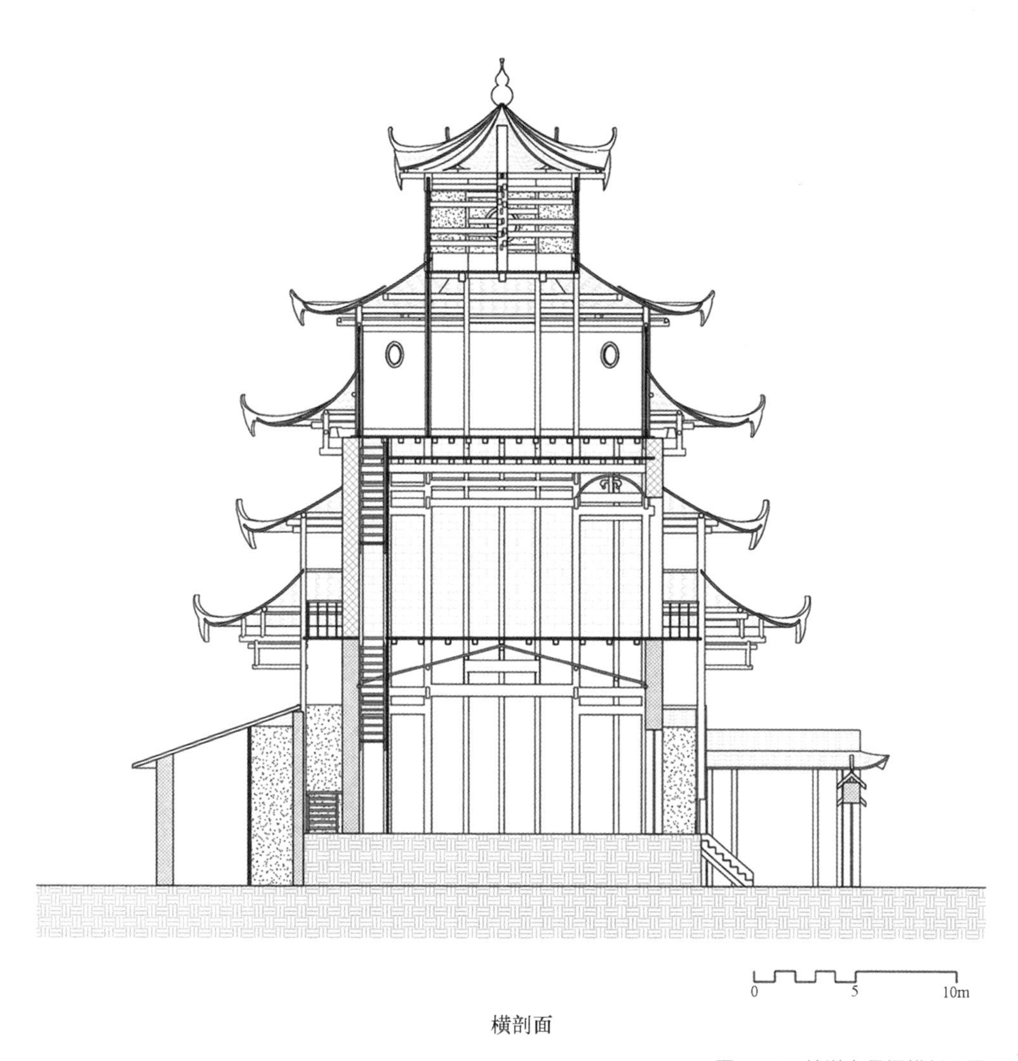

图 16-8　蛟洋文昌阁横剖面图

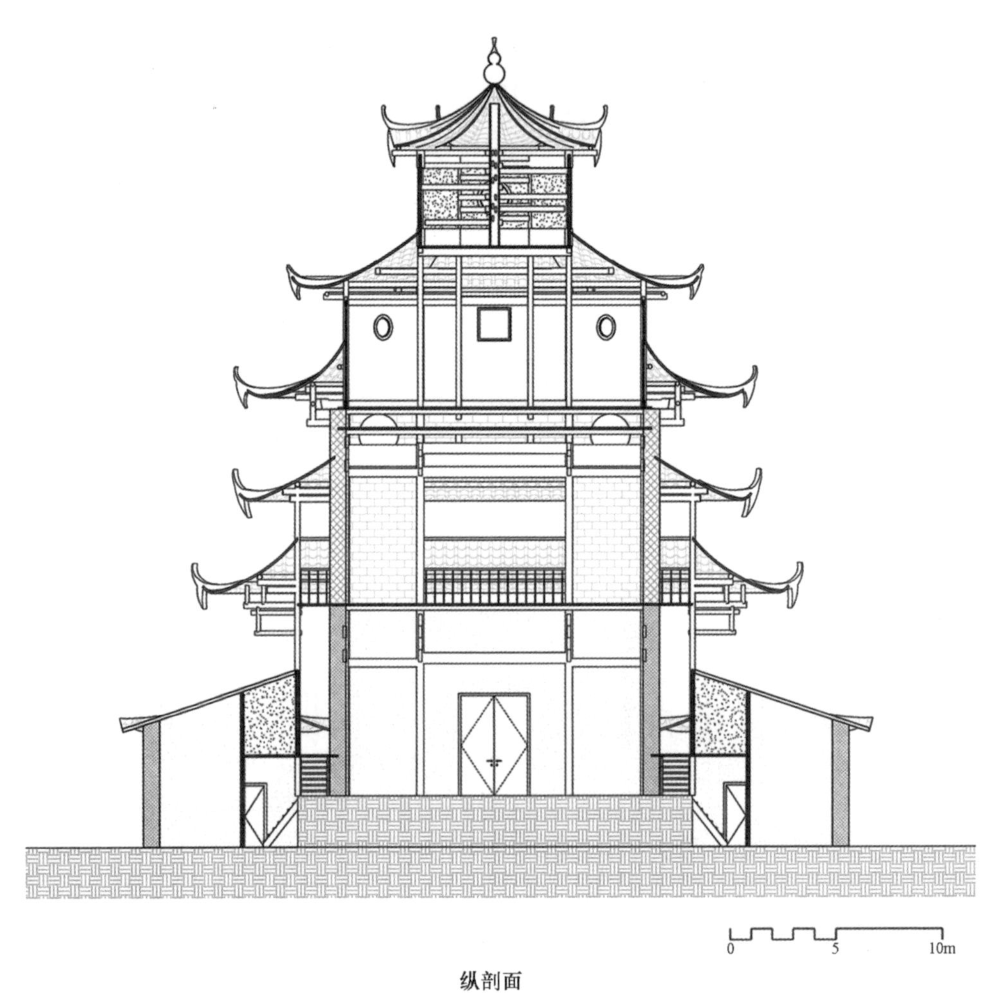

图 16–9　蛟洋文昌阁纵剖面图

17 连城莒溪璧洲文昌阁

图 17-1　莒溪璧洲文昌阁

图 17-2　莒溪璧洲文昌阁上部

图 17-3　莒溪璧洲文昌阁正门

连城莒溪璧洲文昌阁简介

①地理位置：连城莒溪镇璧洲村。

②始建年代：清朝康熙三十一年（1692 年）。

③落成年代：雍正年初完工，清同治五年（1866 年）修葺。

④建筑朝向：坐西朝东。

⑤建筑形制：独立式楼阁，占地 2 亩余，楼阁高 18 米多。

该阁与天后宫、永隆桥形成三位一体的古建筑群旅游景点。为砖木五层建筑，穿斗木构架，一二层为方形平面，二层四周有走马楼相通，三层至阁顶采用木悬臂结构形成八角形平面，集宝塔式和宫殿式于一体，葫芦顶。二、三层开拱门，有回廊、方窗。顶层开圆窗。底层阁门为斗拱牌楼，极具特色。

以下内容摘自连城莒溪璧洲文昌阁简介。

璧洲文昌阁历史：

璧洲文昌阁造型优美端庄，甍顶参差，飞檐翘角，显得古雅挺拔。在阁的底层大厅门额上有“大观在上”直匾一块，正厅有乾隆六年连城县令秦士望书赠“奎壁联辉”横匾，神台侧有“十友公”神主牌，神台中间塑文昌帝君坐像。二楼设文昌帝君神木牌，三楼正中是魁星点笔木雕神像，其四向窗窗棂顶上各刻有优美小横匾点缀：东为“迎旭”、西为“睇霞”、南为“延青”、北为“拱晨”，皆出自文人墨客手笔。阁前有莲蓬塘中，建有砖石结构拱桥。文昌阁历来用作学校。璧洲文昌阁与蛟洋文昌阁师出同门。2002 年，文昌阁被评为省级文物保护单位。

历史上，由该村童生林上萃、吴勋一、黄林宴等 10 人（后人称“十友公”）各捐 100 两银元成立“文昌社”，建成奉祀“文昌帝君”的文昌阁，以祈求村里多造就人才。此足见璧洲村人“耕读传家”的风尚历史久远。

壁洲文昌阁科举年代设有私塾，民国初期也是邻近各地最早设立学校的地方。文昌阁的左右和后方原有20多个房间，后改为教室。民国四年（1915年）创办育三学校，1935年改为国民学校，1965年附设农中，1976年附设初中班。原中共福建省委书记项南先生曾在文昌阁接受启蒙教育，并为母校书赠新校名“壁洲中心小学”遗墨。

壁洲天后宫历史：

壁洲天后宫为宫殿式砖木建筑，占地一亩余。正殿名为坤元殿，斗拱式屋顶，上画有阴阳八卦；天花板上绘制鱼游戏水图。左右串枋楣等也有古画装饰，厅外悬挂“聪明两作”等匾额。大殿两旁厢廊，步下6阶为长廊，石板壁上雕一对麒麟，长廊中间为大雨坪。大殿对面建有40余平方米的固定大戏台，戏台屋顶天花板上，绘制游弋自如的巨龙图像，腾云驾雾，美丽壮观。天后宫大殿外宫门有3个，其中的中门常关闭，平时由两边侧门进出。宫门外有草坪，有一个35m×18m的空旷休闲地，四周砌有围墙。

壁洲永隆桥历史：

永隆桥位于莒溪镇壁洲村口。据《福建通志》记载系明洪武十年（1377年）所建，距今已600多年，是县内尚存的古屋桥中最古老的一座。

桥长85米，宽6米，高7.5米，是南北向四孔等跨风雨桥，又称廊桥或屋桥。桥墩用花岗岩条石砌成，桥身用优质圆枕木堆叠成倒三角形，分七层纵横迭铺。桥面遍铺鹅卵石，桥上建桥屋，26对木柱支持硬山式屋顶，屋桥两边各有20开间，外边为双层挡风薄木护板。桥头建重檐歇山式阁楼，名“仙宫”，桥中和桥尾各突起一座歇山式较矮阁楼。为了保护桥墩不致被冲坏，桥以下30米处，另筑砌坚固的石坡护坝，以缓解水势。

项南先生所书“永隆桥”名匾，悬挂在桥两端。

图 17-4 莒溪璧洲文昌阁正门头拱

图 17–5　莒溪璧洲文昌阁全貌

图 17-6 莒溪璧洲文昌阁内细部

图 17-7 莒溪璧洲天后宫

图 17-8　莒溪璧洲永隆桥

图 17-9　莒溪璧洲文昌阁内细部

图 17–10　莒溪璧洲文昌阁正门门头斗拱

图 17–11　莒溪璧洲永隆桥细部

18　龙岩赤水天后宫

图 18–1　赤水天后宫

龙岩赤水天后宫简介

①地理位置：赤水天后宫地处龙门镇赤水村东北。

②始建年代：始建于清乾隆三十五年（1770 年），于乾隆五十年（1786 年）蒲月修理完成。

③建筑朝向：坐北朝南。

④建筑形制：赤水天后宫是一座二殿一厅二回廊、抬梁木构架三层楼阁式重檐歇山顶古建筑，中轴线自南向北依次为：前厅、戏台、天井、中殿、正殿。占地面积为 2080m^2，高约为 35m，是龙岩市境内现存最大的妈祖庙。

以下内容摘自龙岩赤水天后宫简介。

因赤水深处山区，山洪灾害频发，此处人们的生命和财产常常遭受损失，愿得到水神妈祖的庇祐，所以兴建“天后宫”。据现存宫内的碑文记载，赤水天后宫因规模宏大，费用不敷，于是“观成有待”，后又“风雨所侵”“众虑其圮”，竭力题充，共捐充白银一百七十两七钱，经一年多的“通体修理，保前功于勿坠”，于 1786 年修理完成，方使之“焕然可观”。

1981 年，龙岩市政府将赤水天后宫列入县级文物保护单位。1990 年 10 月，水村成立了文物管理小组，配备专门人员对龙岩市现存最大的天后宫进行管理。1987 年以来，省、地、市有关部门拨款对其进行抢救性维修，本着古建筑“整旧如旧”的维修原则，几经复修，古老的赤水天后宫以新的面貌展现在我们面前。

图 18-2　赤水天后宫细部（一）

图 18-3　赤水天后宫细部（二）

图 18–4 赤水天后宫细部（三）

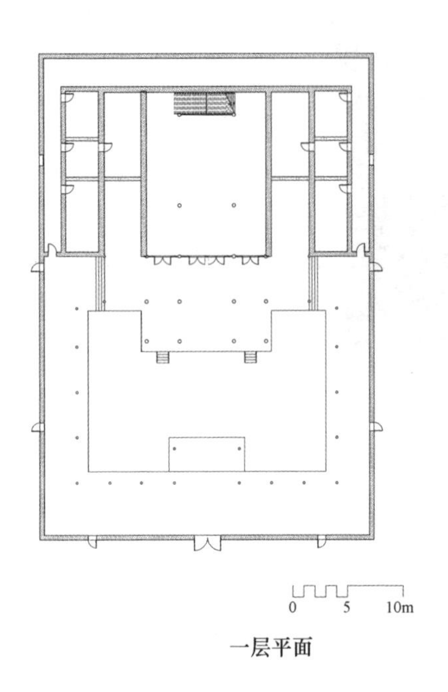

一层平面

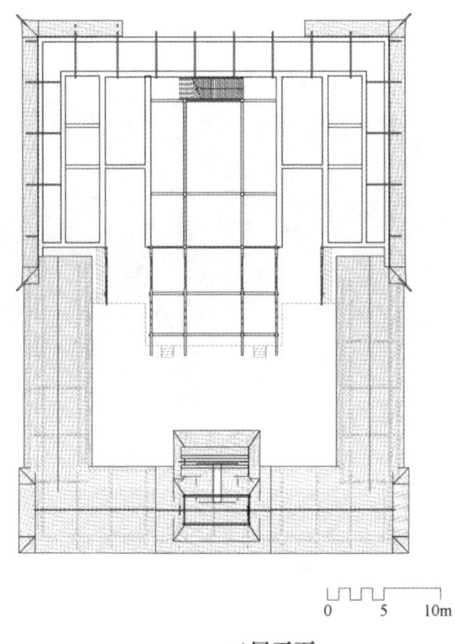

二层平面

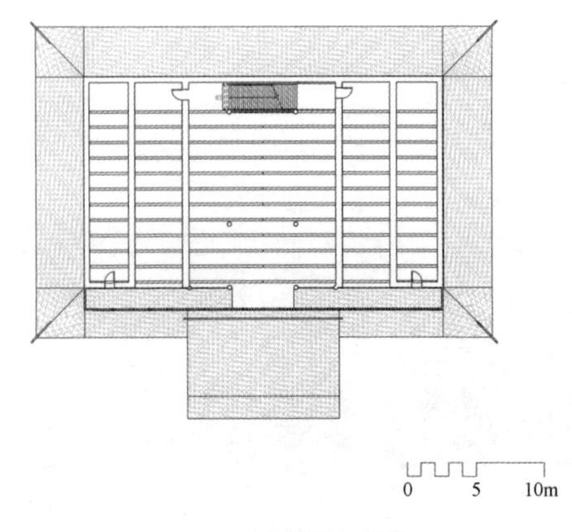

标高6.00平面

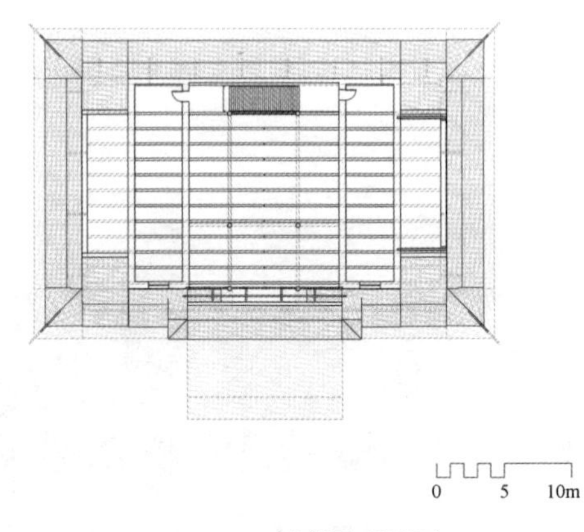

标高10.40平面

图 18–5　赤水天后宫平面图

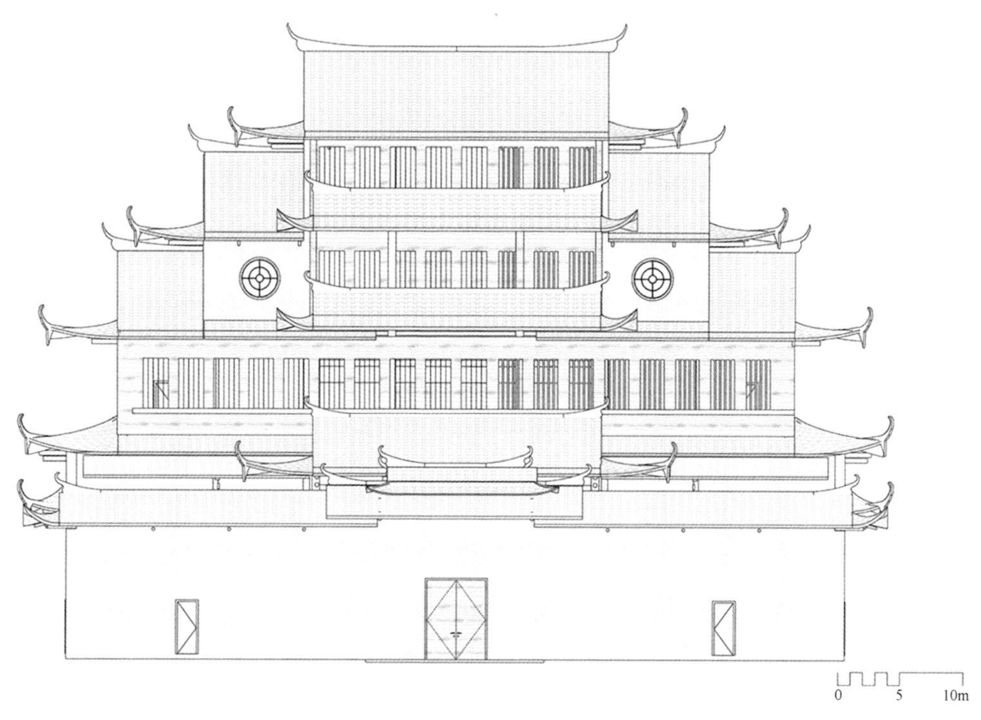

图 18-6　赤水天后宫南立面图

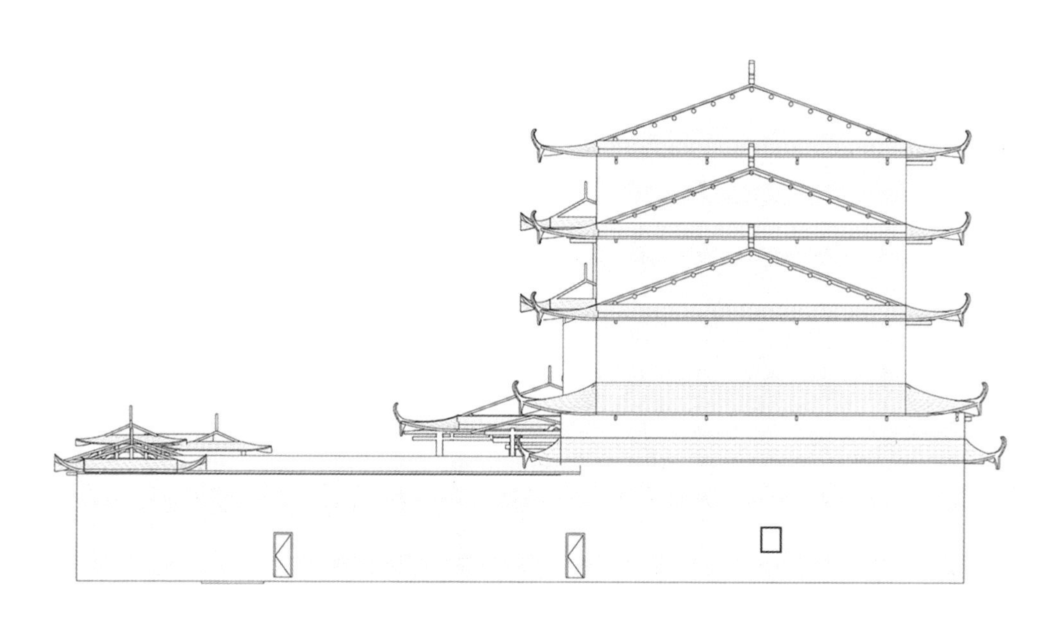

图 18-7　赤水天后宫东立面图

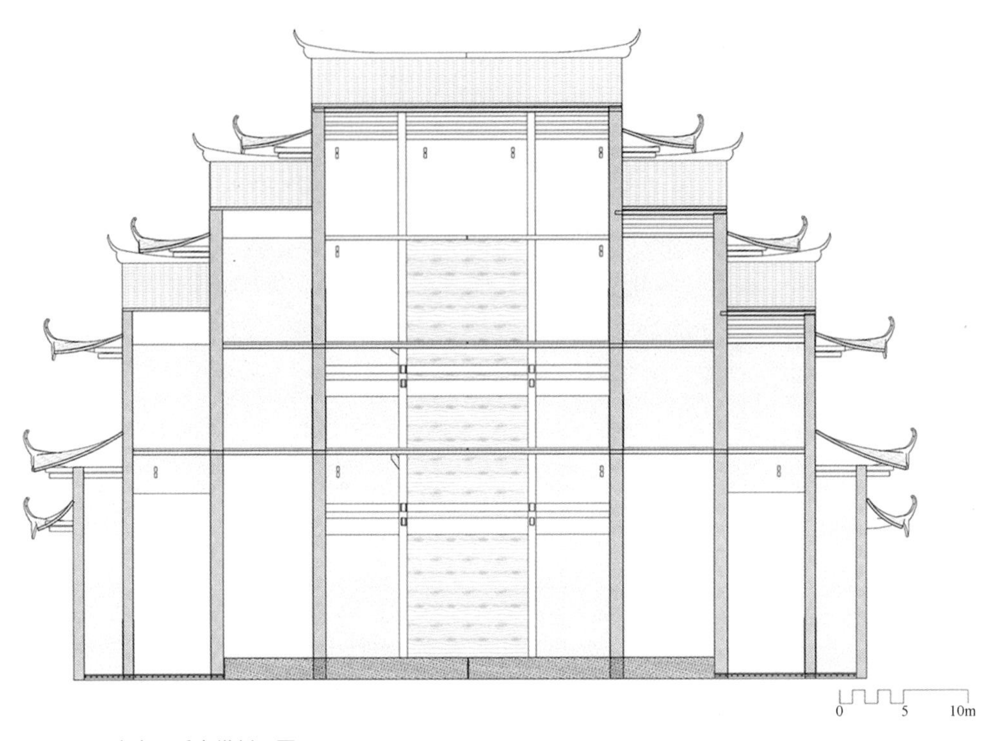

图 18-8　赤水天后宫纵剖面图

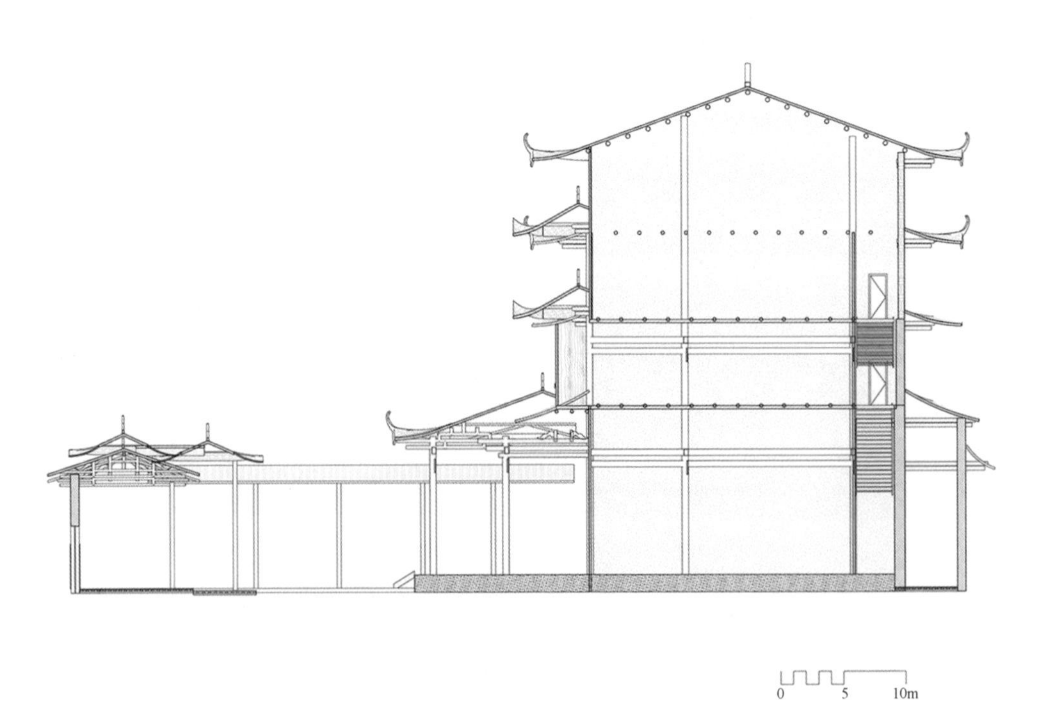

图 18-9　赤水天后宫横剖面图

19 永定北山关帝庙

图 19-1　北山关帝庙

永定北山关帝庙简介

①地理位置：永定高陂镇北山村。

②始建年代：明朝万历八年（1580 年），清乾隆末年扩建。

③建筑朝向：坐东南朝西北。

④建筑形制：北山关帝庙是一座两进三落合院式楼阁，由门厅、天井、拜亭、正殿、左右回廊和后院等组成，正殿立面呈“昌”字形，高 3 层（19.8m），面阔五间，抬梁式梁架，歇山顶。占地面积为 1700m^2，建筑面积为 890m^2，楼高为 19.8m。

以下内容摘自永定北山关帝庙简介。

本庙始建于明代万历八年（1580 年），至今五百余年，庙址选村口，双溪碧水隆起之河坝，初建亭式庙内设一尊泥塑关帝神像，至明末清康熙年间，族人议将庙堂扩建，请著名庙宇设计大师磋商时，主事者提出需改建大型庙宇。

庙基填高三米，占地为 1027.14m^2，庙宇占地为 802.56m^2，面宽 19m，长达 42.24m，分前后堂三层，庙阁高 40m，房间 18 个，双梯上落特色“长梯”，庙宇经五年粗形具现，继以装修五年方可竣工。

清嘉庆元年（1796 年）族人在四川贸易雕回关帝、关平、周仓三尊神像，同治元年（1862 年）太平天国数万兵力经过此地入庙瞻仰，拍手称美谓此无双，清光绪十九年（1893 年）下厅右角被洪水冲毁即修，1926 年大门余坪又被冲毁填修。1967 年“文化大革命”期间，庙内关帝三尊神像全部被夺走无还，庙内部分也被毁坏，1981 年改革开放后，蒙本村台胞慷慨助巨资全面进行修理。

本庙自兴建以来，庙中一直供奉关帝三尊神像，历代香火鼎盛名扬四乡，近几年来，众多乡亲贤达纷纷提议关帝三尊神像应重归大位。

北山关帝庙于 2012 年 8 月被评为永定县级文物保护单位，2013 年 1 月被评为福建省级文物保护单位。

图 19–2 北山关帝庙细部

图 19–3　北山关帝庙天王神像

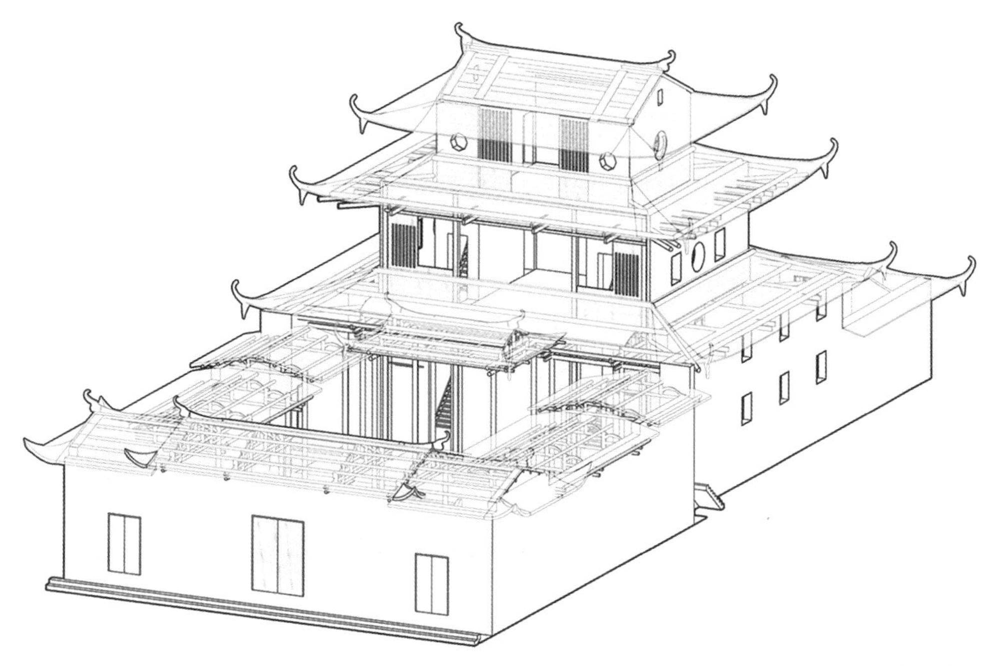

图 19-4　北山关帝庙鸟瞰图

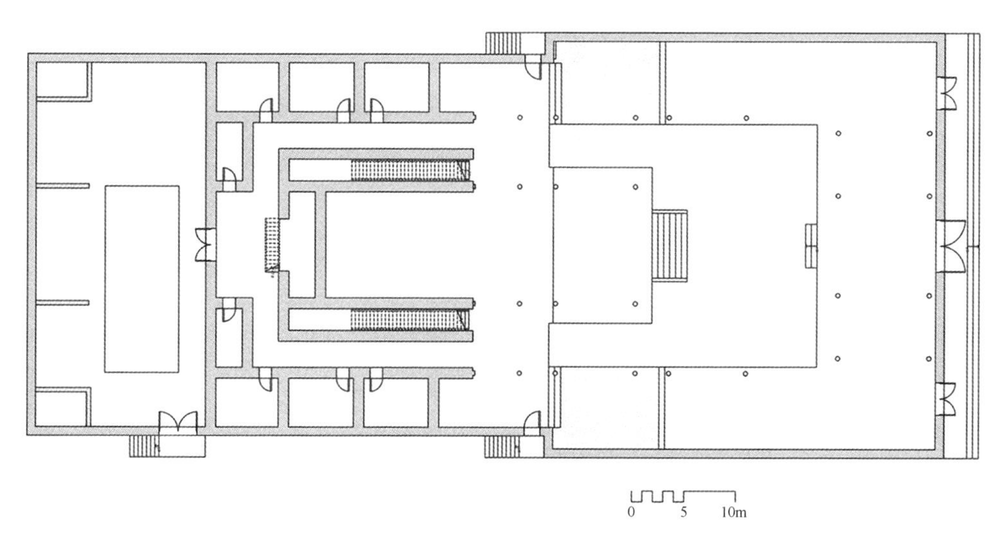

图 19-5　北山关帝庙一层平面图

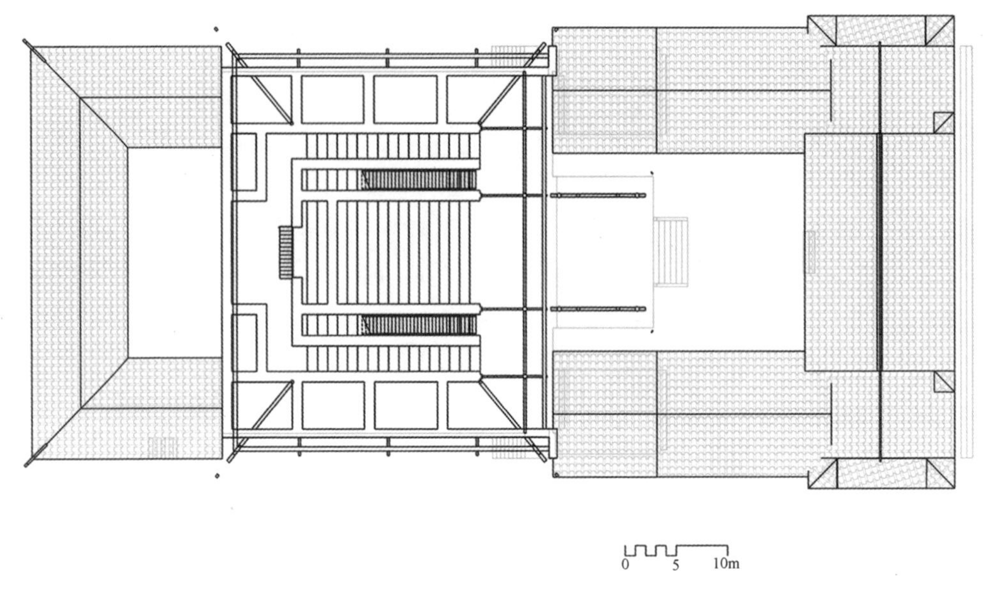

图 19–6　北山关帝庙标高 3.45 平面图

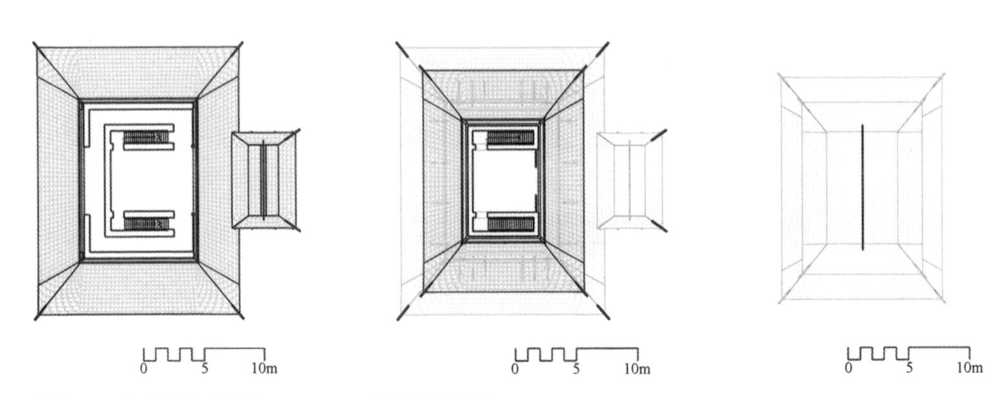

图 19–7　北山关帝庙标高 6.00、10.40 和屋顶平面图

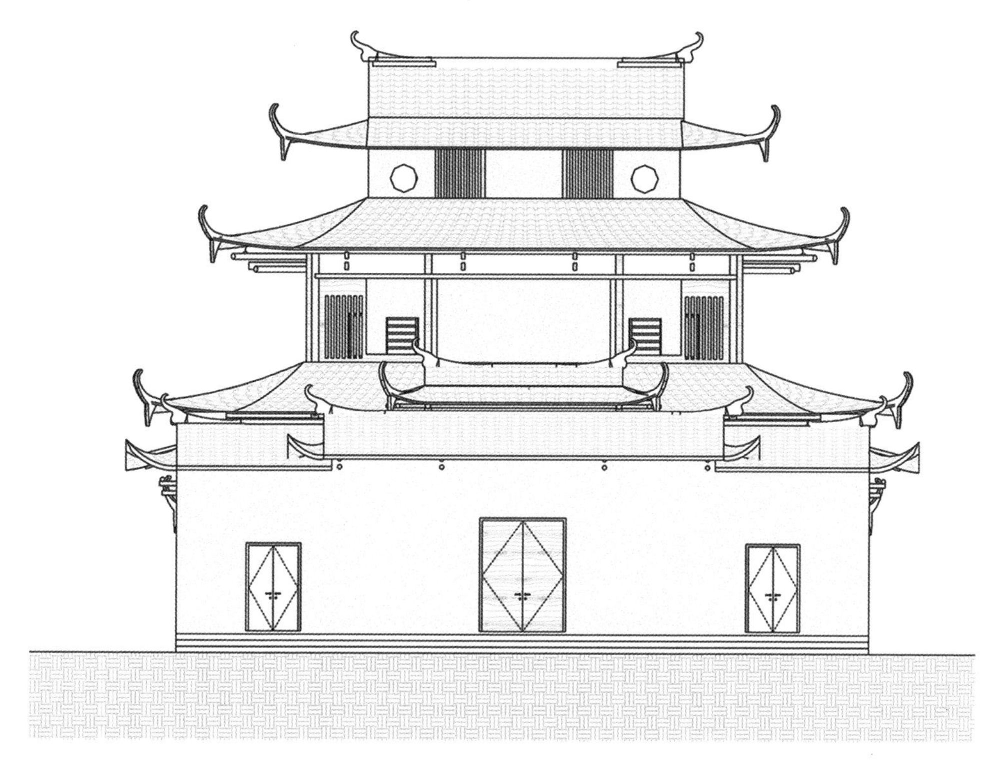

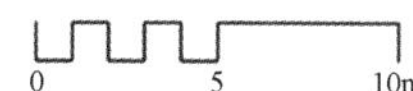

图 19-8　北山关帝庙南立面图

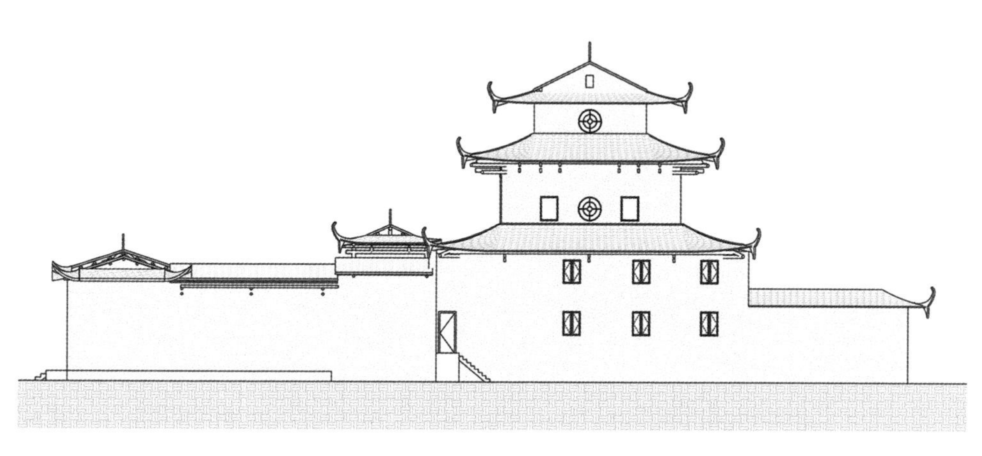

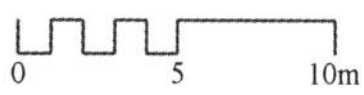

图 19-9　北山关帝庙东立面图

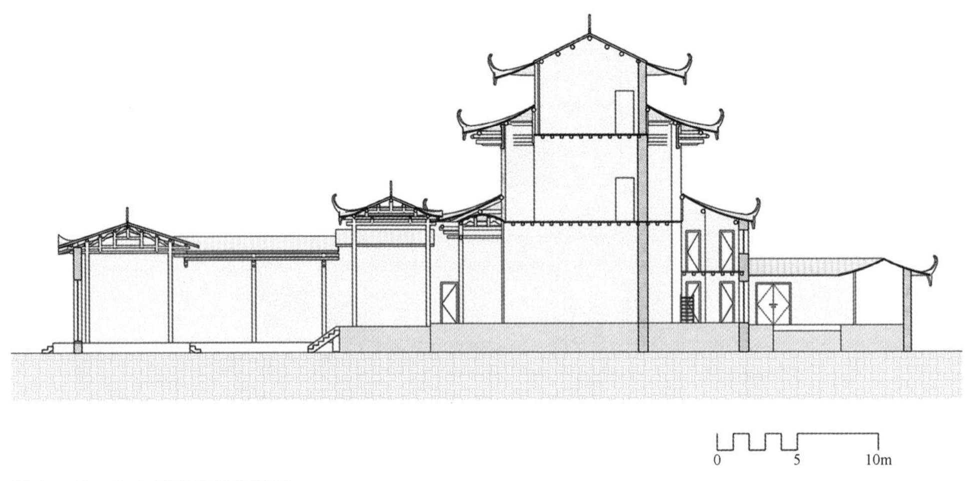

图 19-10　北山关帝庙横剖面图

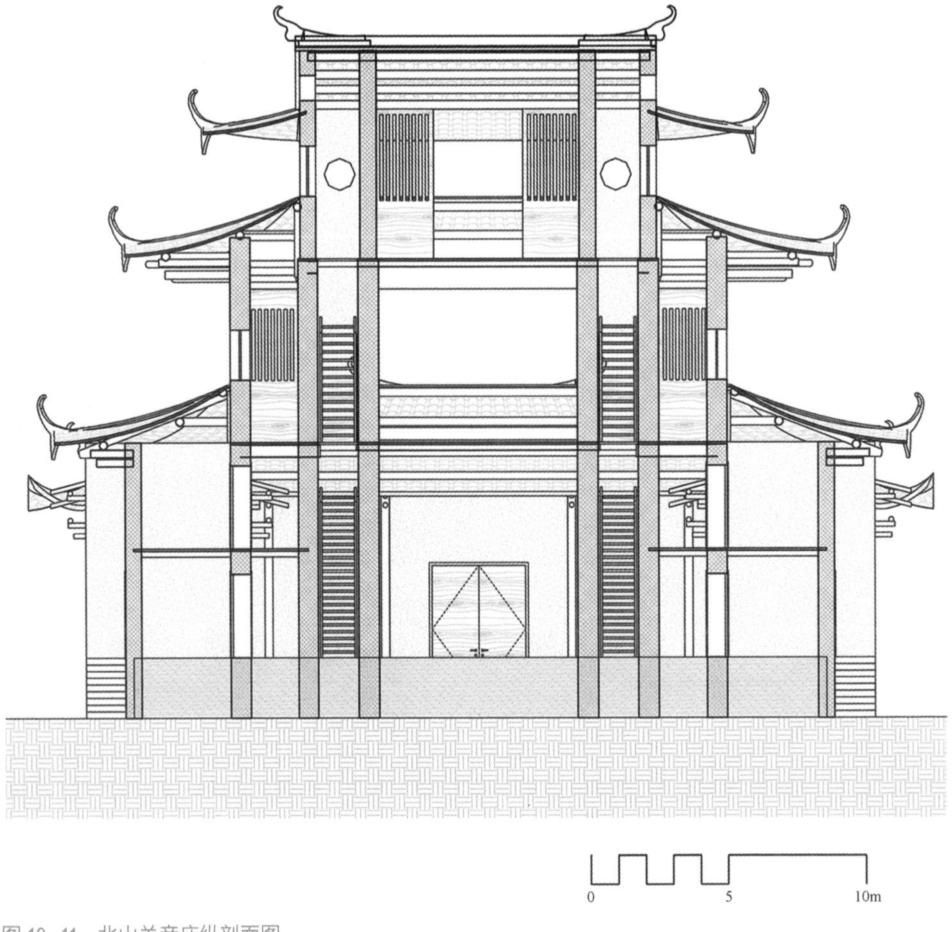

图 19-11　北山关帝庙纵剖面图

20 永定富岭天后宫

图 20-1 富岭天后宫

永定富岭天后宫简介

①地理位置：龙岩市永定县富岭村溪水口，富岭小学的校园内。

②建造年代：清嘉庆二十三年（1818 年）。

③建筑朝向：坐西向东。

④建筑形制：合院式楼阁，面宽约为 20m，进深约为 30m，高度三层约为 15m，占地面积约为 576m^2。

以下内容摘自永定富岭天后宫简介。

此阁相传是富岭村王姓族系的祖先修建，为了祈求圣母妈祖庇佑此地风调雨顺、王氏子孙英才辈出。

“虎”是“富”的谐音，同时又有富钱、富梁的吉祥寓意，因此祖先把富岭天后宫修筑成了一座“虎型”天后宫：这是一只屁股坐东，虎面朝南的华南虎，天后宫入口及合院是老虎的身体，三层楼阁即老虎高高耸立的上身，楼阁南侧出二层小厦，小厦一层的两支柱脚用花岗岩砌成，像是老虎的两个前爪，小厦二层是老虎张开的嘴巴，老虎的眼睛是楼阁三层开在南侧山墙上的两个圆形的窗户，由此构成了一只朝南龇牙咧嘴的老虎形象。

那么，老虎为何要朝南嘶吼呢？原来天后宫的南侧绿竹塘对岸正对一座赖氏宗祠，是一座“狮子”形象的宗祠，这一狮一虎分别代表了富岭村赖姓和王姓的族系，两支猛兽气势汹汹，隔水相望，好不生趣！

早期富岭天后宫门前是一条向北的卵石小道，作为“老虎”的尾巴，但在 20 世纪 70 年代富岭小学校舍加建时被拆掉，现在天后宫的正门前是富岭小学的操场，操场南北两端是学校的教学楼。

进入天后宫，依次经过二层戏台、天井、拜亭、小天井和大殿。大殿三间，明间高三层，次间外观一层，实际高度与二层一样，北侧次间内含楼梯，可以通往二层的明间以及一、二层之间的夹层各房间和跑马廊，跑马廊的南端连接着“华南虎的嘴巴”，也就是南向的一座小厦。大殿一层明间供奉天后妈祖，二层供奉关帝神像，三层供奉三座观音神像。

1999 年，富岭天后宫被列为县级文物保护单位。

图 20-2　富岭天后宫远视及细部

图 20-3　富岭天后宫正门及细部

参考文献

[1] 王贵祥.略论中国古代高层木构建筑的发展[J],古建园林技术，1985(1):4−11.

[2] 罗香林．客家源流考 [M]. 北京：中国华侨出版公司，1989.

[3] 马晓．中国古代木楼阁架构研究 [D]. 南京：东南大学，2011.

[4] 戴志坚．福建民居 [M]. 北京：中国建筑工业出版社，2009.

[5] 谢重光．客家由来与客家文化的基本特点 [J]. 寻根，2010(2).

[6] 潘谷西．营造法式解读 [M]. 南京：东南大学出版社，2005.

[7] 乔迅翔．中国古代木构楼阁的建筑构成探析 [J]. 华中建筑，2004(1).

[8] 马晓．中国古代木楼阁 [M]. 北京：中华书局，2007.

[9] 李洁．江西传统民居研究进程与展望 [J].华中建筑，2012(12).

后　记

我对客家建筑的了解和研究始于1986年夏天到龙岩永定一带考察客家土楼。之后，我一次次地前往福建客家地区，或利用课余时间进行传统民居调研、资料收集工作，或带领学生开展大规模调查、测绘，制订历史文化名村、名镇的保护规划。对客家传统建筑的了解越多，就越觉得福建客家传统建筑文化积淀之深厚。福建客家建筑文化在受到汉民族文化底蕴影响的同时，又由于独特的自然地理环境、人文环境以及材料与技术，有着鲜明的地域文化特征。客家传统建筑具有稳固性、多样性、乡土性等文化特性。在福建客家地区，不仅仅是防卫性很强的巨型楼房建筑——土楼出类拔萃，九厅十八井、寺庙、楼阁、塔幢、廊桥等地方建筑形式同样很精彩，尤其在夯土技术上达到了登峰造极的程度。以客家楼阁为例，纵观全国的楼阁建筑，大江南北比比皆是，建造的材料无非是石、砖、木或现代的钢筋混凝土，而用夯土材料与木结构结合建造楼阁、高塔却非客家人莫属。福建客家楼阁在中国传统楼阁建筑中独树一帜。尤其是龙岩片区的天后宫、关帝庙、文昌阁等楼阁建筑，其造型之优美，形式之多样，结构之科学，令人过目难忘！

《福建客家楼阁》这一选题最终在我的研究生李筱茜手上完成，总算了结了我多年的夙愿。李筱茜毕业论文答辩时，以立意准确、调查深入、资料翔实、图示清楚得到评委的一致好评。一个外省籍的女孩子，能克服交通不便、语言不通、资料缺乏等困难，完成这样高难度的论文，确实非常不容易。最近适逢中国建材工业出版社大力弘扬中国传统建筑文化，推出一批乡土聚落丛书，这才有了本书的出版。本书在李筱茜毕业论文的基础上，做了适当的修改和补充，并增加了部分手绘图和建筑模型。同时，我们一行三人又进行一次实地考察，以保证本书资料的翔实和照片的清晰。

在本书顺利出版之际，特别要感谢中国建材工业出版社的孙炎、章曲二位编辑的辛勤劳动和多方指导。同时也衷心感谢我们在调研中方方面面朋友们的大力支持和热情帮助。

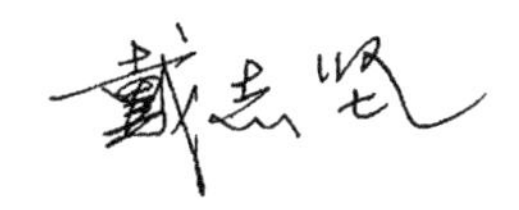

作者简介

李筱茜，建筑师，毕业于福州大学建筑学院建筑设计及其理论专业硕士研究生，现就职于中国建筑设计标准研究院。

戴志坚，中国民居建筑大师，毕业于华南理工大学建筑学院建筑历史与理论专业博士研究生，现为厦门大学建筑与土木工程学院教授。

邱永华，一级注册建筑师，毕业于同济大学工业与民用建筑专业，现为龙岩市城市规划咨询服务中心主任，福建省土木建筑学会建筑师学会常务理事，福建省工程咨询学会理事。

山西华夏营造建筑有限公司

传承中国传统文化
发扬历史建筑精髓
设计『优而美』的绿色建筑
创建『中而新』的民族建筑

山西华夏营造建筑有限公司创立于2013年4月，公司目前拥有2项总承包资质和5项专业承包资质，是一家集设计和施工于一体的综合性建筑企业。

山西华夏营造建筑有限公司主营业务为中国建筑设计、技艺传承与创新设计和施工，兼营市政工程、房屋建筑工程、钢结构工程、土石方工程、室内外装饰工程、道路工程、机电设备安装工程、城市及道路照明工程及环保工程。

2017年1月，山西省政府和文化厅联合授予山西华夏营造建筑有限公司“山西传统寺观建筑营造技艺传承单位”、公司董事长荀建先生“山西省寺观建筑营造技艺主要传承人”的称号。2017年，公司4人获得“中国传统技艺大师”称号、5人获得“山西省传统技艺大师”称号。

我 是 谁——一名古建从业者

我要做什么——兢兢业业做好每一项建筑保护工作

我该怎样做——持续提升专业知识和水平，不断拓展视野，创新思维，大处着眼，小处入手，创造具有时代特征的中国建筑。

真正让价值引领、思维开拓和工作实践有机结合，良性互动，把山西建筑文化乃至中国建筑文化保护好，传承好，发展好。

联系方式：0351—3333988
18536638709

华御环艺
HUAYUHUANYI

常州环艺园林绿化工程有限公司成立于2001年，主营园林绿化工程施工，市政公用工程施工等，具有城市园林绿化施工壹级资质、市政公用工程施工总承包贰级、建筑装修装饰工程专业承包贰级、古建筑工程专业承包叁级、建筑工程施工总承包叁级资质。数年来，公司全体员工以品质为目标，以服务为导向，本着**『求实、创新、拼搏』**的企业精神，对外展现良好的形象，对内狠抓长效管理，企业有了稳定的发展。

企业简介

珠海御园景观工程有限公司属生产科技型企业，具有城市园林绿化企业壹级、造林工程施工乙级、造林工程规划设计乙级、林业有害生物防治资质、建筑装饰工程设计专项乙级、林木种子生产及林木种子经营等多项企业资质，是一家具有丰富经验、先进设备及正规办公环境，集设计、施工及维护于一体的现代化园林企业。公司自成立以来一直坚持“质量第一，信誉至上”的服务宗旨，不断完善公司体系，加强自身管理，通过了ISO 9001:2000国际质量体系、ISO 14001:2004环境管理体系、OHSMS 18001职业健康安全管理体系认证，连续10年获得珠海市“守合同、重信用”称号。

御园景观崇尚科学，重视人才，现已拥有经验丰富的风景园林设计师和工程技术人员40多名，其中高级职称者6名、中级职称者20多名，并与有关高校及科研单位合作，具备大、中型园林景观工程设计、施工能力。公司业务包括园林景观规划设计、咨询、园林绿化工程、生态恢复、绿化养护、花木生产、园林机械经营等方面。公司专业设计及施工项目全面，涵盖了风景区、大型公园、居住区、市政道路、广场、公共绿地以及生态湿地等园林生态项目的园林建筑、景观绿化、生态造景、艺术喷泉、景观照明、绿化喷灌等综合领域。目前，公司技术人员及设备不断增加，实力日渐增强，正向经营多元化、管理科学化、规模集团化方向大步迈进。御园景观公司将一如既往地坚持诚实、守信的经营理念，本着“质量第一，信誉至上”的服务宗旨，以我们专业的设计和精湛的施工工艺竭诚地为广大客户服务。

地　址：珠海市香洲区翠前南路45号二层之一
电　话：0756-8992222
传　真：0756-8992211
网　址：www.yyla.cn
邮　箱：info@yyla.cn